材料的循环利用

姜 山 廖林正 王锦标 著

北 京
冶 金 工 业 出 版 社
2024

内 容 提 要

　　本书共分 17 章，主要介绍了国内材料循环利用的现状、金属材料的循环利用、钢铁的循环利用、铝的循环利用、铜的循环利用、贵金属的循环利用、聚合物材料的循环利用、橡胶的循环利用、塑料的回收及利用、玻璃的循环利用、陶瓷废料的循环利用、包装材料的循环利用、纸张的回收再利用、复合材料的循环利用、汽车材料的循环利用、建筑材料的循环利用、家电及电子产品的循环利用等。

　　本书可供从事材料回收利用的科研人员、工程技术人员和管理人员阅读，也可供高等院校材料及相关专业的师生参考。

图书在版编目（CIP）数据

　　材料的循环利用/姜山，廖林正，王锦标著 . —北京：冶金工业出版社，2024. 1

　　ISBN 978-7-5024-9750-7

　　Ⅰ. ①材…　Ⅱ. ①姜…　②廖…　③王…　Ⅲ. ①材料—循环使用　Ⅳ. ①TB3

　　中国国家版本馆 CIP 数据核字（2024）第 045160 号

材料的循环利用

出版发行	冶金工业出版社	**电　话**	（010）64027926
地　址	北京市东城区嵩祝院北巷 39 号	**邮　编**	100009
网　址	www. mip1953. com	**电子信箱**	service@ mip1953. com

责任编辑　刘林烨　美术编辑　吕欣童　版式设计　郑小利
责任校对　葛新霞　责任印制　禹　蕊
北京捷迅佳彩印刷有限公司印刷
2024 年 1 月第 1 版，2024 年 1 月第 1 次印刷
710mm×1000mm　1/16；11.75 印张；229 千字；174 页
定价 99.00 元

投稿电话　（010）64027932　投稿信箱　tougao@ cnmip. com. cn
营销中心电话　（010）64044283
冶金工业出版社天猫旗舰店　yjgycbs. tmall. com
（本书如有印装质量问题，本社营销中心负责退换）

前　言

随着社会和经济的发展，人们正面临着环境破坏和社会可持续发展的巨大挑战：一方面，地球上数亿年积累的资源被过度开发；另一方面，过度消耗产生了大量的二次材料。在各种二次材料中，可以回收的材料范围非常广泛，可开发和可回收的材料主要有金属、塑料、橡胶、纸张、玻璃、建筑材料和电子材料等。然而，我国可回收材料行业仍处于相对较低的发展水平，大量可回收材料未得到回收和有效利用。由于经济发展的体量巨大，粗略估计，我国可回收但无法使用的材料的总价值约为 1000 亿元人民币。每吨再生钢铁可回收生产 850kg 钢铁，节约 20t 铁矿石和 1.2t 标准煤；回收 1t 废纸可节约优质纸张 800kg，节约林木 17 棵，减少纯碱 240kg，减少造纸污染排放 75%，节约造纸能耗 40%~50%；回收 1t 二次玻璃可节约石英砂 720kg、苏打粉 250kg、长石粉 60kg、用电 400kW·h。

2020 年 9 月，我国在第 75 届联合国大会上提出到 2030 年实现碳达峰，到 2060 年实现碳中和目标。实现这一目标是一场硬仗，是党中央经过深思熟虑作出的重大战略决策，事关中华民族可持续发展和命运共同体建设。双碳驱动目标的核心是节能、环保和减少碳排放，充分利用二次材料发展绿色循环经济无疑符合国家的这一重大发展目标。因此，发展循环经济，培育新的产业门类，将是我国经济发展的主要趋势和新的经济增长点。

可再生材料产业是发展循环经济的重要组成部分。资源循环经济以资源节约和循环利用为特征，是一种与环境和谐相处的经济发展模式。重点是将经济活动组织成"资源—产品—可再生资源"的反馈过程，其特点是低开采、高利用率和低排放。所有材料和能源都可以在这个渐进的经济周期中得到合理和可持续的利用，以最大限度地减少经济活动对自然环境的影响。开发可再生资源、促进资源循环利用是发展循环经济的核心内容，而可再生资源最终利用的产业化是形成可再生资源产业链的关键。因此，资源再生与加工，以及可再生材料产业的发展，已成为循环经济建设的重要内容和主要突破口。一方面，利用废弃资源开发可再生材料有助于减少废弃材料造成的污染；另一方面，再生材料可以有效缓解工业发展中材料短缺带来的压力，为经济发展提供持续的动力。因此，我国迫切需要发展可再生材料，建设材料流通渠道。

再生材料是基于循环经济总体思想体系和实践探索框架的产业发展模式。过去，我国的再生材料有一定的基础，但没有形成工业化、集聚化的发展趋势，应该说它仍然是一种相对不完整、刚刚起步的产业形态。成熟的循环经济一般有三种形态和层次，包括企业层次、产业集群层次和社会消费层次。确保再生材料能够形成产业，一是确保再生材料产业的经济技术可行性；二是创造良好的制度环境，满足再生材料产业社会属性需求。因此，企业、政府、中介机构，甚至每个公民都应该被纳入可再生材料行业模式的概念中。

企业是发展可再生材料产业的主体。可再生材料项目在企业层面的经济可行性是其工业化的根本动力。应努力促进企业开发经济上可行的可再生材料技术，并促进大规模和具有成本效益的废旧材料再利用生产，让更多的资金流向再生材料项目，促进再生材料的产业化和规模化生产。政府支持政策是再生材料行业发展的重要推动力，政府需要采取有效的财政补贴和相关支持政策。再生材料行业的概念反映了社会责任和环境保护等价值观，同时以目前的经济发展技术水平，许多再生材料行业仍难以为从事此类项目的企业带来显著的经济效益，政府也需要提供财政补贴和政策支持。我国各科研机构和一些企业在探索再生材料产业化方面实际上做了很多工作，通过大量的研究发现，一些产品和技术也是可行的，值得推广。然而，这些技术资源在转化为生产力和工业生产过程中存在各种问题，未能达到预期的经济效益。因此，企业和政府都应该投入更多的资金和研究力量来促进再生材料的开发和研究，并通过一系列有效的机制促进其在生产中的应用。

废旧材料的回收利用对社会发展具有重要意义。首先是保护环境，促进土地资源的增加和利用，减少空气污染，减少因使用过的材料而导致的生物多样性下降。其次，它不仅为工业产品提供了材料，而且大大降低了生产成本；提供有利于工业生产的二次材料；减少资源和能源的损失；成本低，经济效益高。最后，废旧材料的回收利用可以为社会进步提供许多帮助，并提高人们的环境意识。环境保护有利于优化环境，减少电力和资源消耗，符合科学发展观。

我国可再生资源综合技术总体还比较落后，自主创新能力较弱，尚未建立全面系统的研发体系。近年来，尽管各级政府加大了对可再生资源技术研发的投入，并取得了一定成效，但由于缺乏资金支持，一些先进适用的技术难以推广应用。一些中小型回收企业资金不足，设备简陋，技术落后，加工材料质量堪忧。此外，这些中小型企业在加工和再加工过程中，未能科学规范地对原材料进行分类、清洁和拆解，导致产生的"三废"对环境造成严重污染；同时缺乏有效的电子垃圾处理措施，大多数电子垃圾只经过简单的物理或化学处理，这也导致了当地环境的严重污染和生态退化。

本书由重庆文理学院材料科学与工程学院的姜山、廖林正、王锦标共同撰写完成。全书共分17章，其中第1~9章由姜山撰写，第10~16章由廖林正撰写，第17章由王锦标撰写。本书在撰写过程中，参考了有关文献资料，在此对文献作者表示感谢。

由于作者水平所限，书中不妥之处，恳请读者批评指正。

作　者
2023 年 5 月

目　　录

1　国内材料循环利用的现状

人类的日常活动或多或少会产生二次材料。日常生活中产生的二次材料（如包装盒、包装袋、饮料瓶、饮料罐、家用电器等）、工业废物、废旧机械和其他工业废物是人们产生二次材料的主要来源。资源循环利用和发展绿色能源是解决资源短缺和保护生态的有效途径。根据国家总体规划，我国将在未来很长一段时间内把转变经济增长方式作为主要重点。加快建立和完善废旧物品回收利用体系，显著提高可回收资源利用水平，有利于保护生态环境，缓解我国资源短缺问题。这些对于促进经济社会可持续发展具有重要的现实意义[1]。

随着工业化、高端制造业的加速，以及人们生活水平的逐步提高，产品更新的周期缩短，使用物品数量的增长加快。例如，许多消费者每年都会淘汰大量的服装、电器、设备等，以提高他们的生活质量。然而，大部分回收的资源被直接投入垃圾填埋场或焚烧炉，没有被专业材料公司回收。因为他们觉得这些物品的回收效益不高，把它们留在家里，占据了空间。材料回收企业提醒大家，随意丢弃物品会对周围环境造成严重污染，不利于国家倡导的绿色环保发展[2]。

实际上，废旧材料在国内被称为二次资源，在国外也被称为第二原材料。二次原料的回收利用不仅可以节省材料消耗，还可以降低成本，减少对环境的破坏。在一些资源稀缺、产业发达的国家和地区，维护国民经济可持续发展甚至被视为一项战略政策[3]。德国从全国各地回收利用的二次材料在国家原材料供应中占有不可替代的重要地位。尽管我国幅员辽阔、自然资源丰富，但随着社会的发展和经济的进步，对各种资源的需求逐渐增加。然而，一些有限的金属矿产资源无法回收，如果不能提高其利用率，就可能耗尽。二手材料回收企业：一方面通过回收本行业生产的二手材料提高资源利用率；另一方面减少本行业对资源的需求，更重要的是避免过度开采自然资源造成的环境破坏[4]。

1.1　可循环利用资源的性质

1.1.1　可循环利用资源的定义及特点

资源和环境是人类生存和发展的基础。改革开放以来，我国经济保持快速发展，取得举世瞩目的显著成就。但是，我国粗放型经济增长方式没有根本改变，经济发展的资源环境成本相对较高。有人推测，按照目前的发展速度和模式，我国的资源禀赋只能维持未来 50 年的发展。掠夺性开采、浪费性消费和有害待遇的现实极大地破坏了人类的生存环境，对我国未来经济社会的可持续发展提出了严峻挑战。转变经济发展方式，节约资源，保护环境，积极建设资源节约型、环境友好型"两型社会"，已成为当前一项现实而紧迫的任务。

可回收资源是指在生产和日常生活过程中已经消耗掉的各种材料，但可以通过回收部分恢复其价值[5]。再生资源回收行业是指回收、加工和再利用废旧材料的过程，其目的是节约资源、减少废物排放、创造新的价值。就发展循环经济的国家战略而言，目前废旧材料的回收利用状况远远不能满足资源有效利用和环境净化的要求，已不能满足循环经济发展的需要。目前，我国可循环资源再利用产业在体制机制、队伍素质、管理水平、技术装备等方面存在诸多问题，发展处于自发阶段。尽管我国可再生能源具有巨大的资源潜力，一些技术已经商业化，行业也有了一定的发展，但与国外发达国家和地区相比，在技术、规模、水平和发展速度上仍存在一定差距。可再生能源产业的发展仍然面临一些问题和障碍。

可回收资源产业不同于其他传统产业，在实现经济效益的同时，还需要平衡环境效益和社会效益。它是一个集经济、技术和社会管理于一体的系统工程，因此要借鉴发达国家和地区的先进经验，制定鼓励技术创新和建设投资的政策措施，实施严格科学的社会管理措施，使资源循环利用成为企业、机构、组织和全体公民的自觉行动，共同创造一个经济繁荣、环境优美、人与资源和谐共生的美好世界。

从某种意义上说，可回收资源的再利用是一项社会公益事业，因此必须在必要时予以保护，不能完全推向市场，否则将对经济社会发展造成难以想象的严重后果。因此，在市场经济条件下，建立现代可回收资源再利用体系和完善的法律保护体系，是一项紧迫而光荣的任务。尽管国家出台了一系列鼓励和支持政策，极大地促进了回收体系的形成、加工利用技术水平的提高和工业化方向的发展，但国家发展水平参差不齐，许多省市在法律法规方面仍存在许多问题，回收系统、加工利用、政策管理等方面需要加强分类指导。

1.1.2 资源循环利用的意义及产业现状

随着经济的快速发展，大量的资源被消耗，环境承受着巨大的压力。资源环境对经济可持续发展的"瓶颈"制约日益显现[6]。我国是一个人口众多但资源稀缺的国家，一些主要矿产资源的人均拥有量不到世界平均水平的一半。石油、天然气、铁矿石、煤炭、铜和铝等重要矿产资源的人均拥有量分别仅为世界平均水平的 11%、4.5%、42%、79%、18% 和 7.3%。据国家发改委数据显示，在 2020 年，除稀土外，我国重要金属和非金属矿产资源储量的保障程度都大幅下降。一些资源的可开采寿命已经非常有限了，无法保证经济发展的正常需求。因此，大力发展可循环利用资源产业已成为保持自然资源均衡发展战略的重要组成部分。

大力开发可循环利用资源是发展循环经济的基础和重要途径。随着经济社会的快速发展，二次材料的种类越来越多，而一次资源却在逐渐减少。可重复利用资源在促进经济发展中的作用将日益突出。可以说，再生资源产业是 21 世纪的朝阳产业。与原生资源相比，它可以大大节约能源，减少污染物排放，有效保护生态环境。特别是在开采成本逐渐增加、资源价格逐渐上涨的情况下，再利用可回收资源可以大大降低生产成本，节约资源和能源，减少污染排放，保护生态环境。

根据党中央、国务院文件精神和党和国家领导人的重要指示，商务部在《关于加快再生资源回收体系建设的指导意见》中要求"要以有利于提高可循环利用资源再利用率，有利于保护环境，有利于方便居民生活，有利于行业管理为出发点，以企业和集散市场为载体，逐步形成布局合理、网络健全、设施适用、服务功能齐全、管理科学的可循环利用资源回收网络体系。"

目前，欧洲国家二次材料的平均回收再利用率为 34.5%。据统计，发达国家和地区的可回收资源产值已超过 1.8 万亿美元。对美国来说，可回收资源产业已经超过汽车产业，成为支柱产业。特别是在电子电器的报废回收方面，利润可观，每吨废旧印刷电路板可提取 400g 黄金，被称为城市矿产资源。有许多成功的公司从事可回收资源的再利用，例如美国慈善公司，该公司的生产价值超过 100 亿美元，在过去十年中发展成为财富 500 强公司。

在计划经济时代，我国各大中城市可回收资源的回收主要由各级供销社下属的废旧物资回收企业和物资部门的金属回收企业承担。随着社会主义市场经济体制的建立和改革的逐步深化，资源循环利用市场已经全面开放。当前，我国可循环资源再利用产业正呈现出多种经济成分共同参与的局面。与此同时，工业化和城镇化的逐步推进，以及人们生活水平和消费结构的变化，导致生产和日常使用的可回收资源越来越多，扩大了可回收资源的回收空间，促进了回收行业的逐步扩大。

1.2 可循环利用资源产业存在的问题

在过去的十年里，我国报废电子电器的数量呈现出急剧增长的趋势。废弃电器电子产品拆解所得的塑料、铁、铜、铝、普通玻璃、扬声器、变压器等，可综合利用，具有较高的再利用价值。我国每年可回收资源的总量正在逐渐增加，但由于缺乏对可回收资源再利用的总体规划，管理和运营体系不健全，工业规模低，许多可回收的旧物品没有得到有效回收。有些从业者不惜破坏环境来换取有价值的材料，造成严重的环境污染。通过对国内市场的调研，结合相关参考信息，可以得出结论，国内的材料循环利用产业仍然存在一些问题。

1.2.1 法律法规不完善

早在 20 世纪 90 年代，我国就有意识地建立了环境保护和可回收资源循环利用的法律体系。《中华人民共和国固体废物污染环境防治法》规定了固体二次材料的种类和安全处置方法；商务部 2007 年颁布的《再生资源回收管理办法》进一步明确了国家对从事再生资源回收利用企业的管理规范[7]。然而，缺乏对责任的强制性要求，该办法只是鼓励全社会回收再利用，不存在"消费需要处理"的强制性责任。大多数企业没有对生产中产生的可回收垃圾进行适当回收，社会输送二次材料的积极性不高，回收工作主要由废物回收企业承担。国家法律法规相对抽象，难以在地方全面实施。一些省市尚未出台具体的法律规定实施，导致不遵守规定、执法不严，导致管理漏洞明显。此外，在缺乏强制性法律法规的情况下，公民很难在短时间内提高资源节约和环境保护意识，这使得回收可回收利用变得困难。回收企业的生产成本高，一些可回收材料的价格甚至高于原材料的价格，抑制了行业的发展。

1.2.2 市场监管与规划缺失

2000 年后，我国取消了可回收利用的特殊行业审批，使该行业进入零门槛。由此，可回收资源的回收利用进入快速发展和无序发展时期，由此产生的市场监管问题日益突出。由于行业内取消了预审批，各种市场主体因利益驱动因素蜂拥而至，形成了可循环资源再利用的自发无序状态。无序经营、无证经营、非法经营等不规范经营行为十分普遍。为了获得更高的利润，许多二手材料采购商在产品采购和销售过程中只为盈利而进行"小动作"。例如，用较轻的重量购买、用劣质的质量出售、用废纸中的水出售，几乎是公共行业的"秘密"。一些回收者将回收物品中"有价值"的部分去除，"没有价值"的部件（如塑料泡沫）被扔掉，形成二次污染。

目前，国家和地方政府尚未将可回收资源再利用规划纳入其议程，可回收资源产业发展的布局规划显示出盲目性和随意性。例如，大多数回收站和交易市场都位于城乡接合部的路边院子里。随着城市建设的进展，车站和市场经常发生变化，呈现出"游击战"的趋势。这些回收点有些分散在城市地区，有些仍然聚集在一起。这些回收点乱建、设施简陋、物品堆放无序，严重影响了城市管理和整体形象。

特别值得指出的是，目前可回收资源的行业管理涉及多个政府部门，包括负责登记的工商部门、负责治安和盗窃的公安部门、负责政策的商务部门，以及环保、质检、卫生、城管等多个部门。这些部门都有相关的工作职责，许多部门的监管没有形成合力和日常监管机制，既管又不管，造成了无证经营、非法经营等诸多乱象，市场管理存在巨大漏洞。管理上缺乏联动机制，为不法分子制造了可乘之机。一些不法分子混迹于走街串巷的采购人员中，以回收利用为幌子盗窃居民财物；还有一些与工矿企业内部人员勾结，盗窃生产原材料和企业用品，严重扰乱了企业正常生产经营秩序和社会稳定。一些收购点不遵守相关规定，悄悄收购犯罪分子盗窃的通信、市政公用、电力等电线电缆、变压器、井盖等设施，帮助其销赃，是社会治安综合治理中的一个关键隐患。

1.2.3 加工利用技术水平低

长期以来，可循环利用的资源企业一直处于徘徊和自我维持的状态，每个运营企业都在各自的道路上独自奋斗，企业很多，但规模小、组织性低，缺乏龙头企业的领导。可回收资源行业缺乏技术法规和管理规则，使得回收和处置方面的实施标准难以达到国际法律标准。可回收资源回收产业集约化程度过低，技术创新力度较弱，技术专利申请量极低，设备简单肤浅，造成可回收资源浪费和回收率低，与60%的世界平均回收金属利用率相去甚远。作坊式的加工利用方式占据了回收市场的大部份额。因为缺乏技术设备和人员，所以产生的废液和残渣被随意拆除、现场丢弃，对环境卫生造成重大影响。可循环利用资源的企业规模不大，效益有限，在技术改造方面没有投资热情。他们不敢指望引进先进成熟的技术和设备，绝大多数只能进行简单的加工，如切割、破碎、包装和压缩。整个行业的加工利用技术水平停滞不前，可回收资源的经济价值没有得到充分挖掘。

1.2.4 产业抗风险能力差

2001年5月—2008年12月，从事废旧物资回收利用的企业可享受免征增值税政策。在全面免征增值税的同时，还免征了以增值税为基础计算的地方税。往年，从事废旧物资经营的企业税负很低，通常只有0.23%（不包括企业所得税）。对符合退税条件的纳税人，2009年销售可回收资源取得的增值税按70%的税率退还给纳税人；2010年销售可回收资源产生的增值税按50%的税率退还纳税人。自2011年以来，政府取消了对从事废料经营的企业免征增值税的政策。纳税人应缴纳的一般税款为10.5%（增值税8.5%，地方税2%），这增加了回收产品的成本，对产业链的延伸和行业的发展极为不利。

自2008年以来，由于当时全球金融危机的影响，一些原材料的价格大幅波动，导致可回收利用加工市场低迷。金属材料、纸张和塑料等原材料价格的大幅下跌，大大降低了回收企业的利润，使许多企业难以持续。为此，许多中小型回收企业不得不减少或暂停其回收业务活动，一些回收站的员工不得不换工作或外出工作谋生，即使是一些抗风险能力强的大型企业也在惨淡地运营。这对全国的循环利用模式造成了很大的影响。

1.3 可循环利用资源产业发展的对策

发达国家和地区已经建立了健全的固体二次材料循环利用产业，产业结构正在逐步升级，取得了巨大的经济效益和环境效益。回顾发达国家和地区产业的发展历程，主要的推动方式包括完善回收处理法律制度、制定限制性和激励性经济政策、建立科学的回收体系。结合我国特色社会主义市场经济的具体情况，以及我国的社会文化和居民的消费习惯，为了实现可回收资源的循环利用，我国应该充分利用市场手段，促进制度和技术创新、统一规划、规范建设，逐步建立布局合理、网络健全、设施适宜、功能完备的可循环利用管理科学网络体系，形成政府大力推动、市场有效驱动、公众自觉参与的可循环回收长效机制，促进市场化，资源循环利用产业规模化、规范化发展。

1.3.1 完善产业立法

我国人民历来有利用废旧材料的优良传统。中华人民共和国成立以来，公众自发建立了一个利益驱动的回收网络体系。在获得显著结果的同时，也导致了一系列不利后果。国家有关部门意识到制定固体二次材料管理制度的必要性。国家环保局先后出台了十多项固体二次材料污染控制标准，国务院有关部门制定了多项鼓励固体二次物质综合利用的政策和办法。现有的法律法规对固体二次材料的回收利用发挥了重要的监管作用，但还不够全面和系统。从环境保护和封闭流通的角度来看，仍然存在重大漏洞。

相比之下，许多发达国家和地区已经通过立法，强制推动固体二次材料的回收利用。例如，德国法律规定，二次玻璃、铝、铁、废纸、塑料在日常生产中的回收率必须达到80%；2003年，法国要求包装材料的回收率达到80%。日本是电子电气产品的主要消费国，其中明确规定工业可回收二次材料和电子二次材料必须强制回收。

1.3.2 推行电子产品处置费征收制度

回收资源的社会和环境效益远远大于其经济效益。为了鼓励工业的发展，政府应该对回收主体进行经济补偿。运用经济政策为电子二次材料的回收和处置提供资金，迫使整个社会分担环境保护和资源回收的负担。生产者和消费者必须对产品寿命结束时的回收和处置承担责任。政策指导主要分为两个方面：一方面是收取电子电气废弃物处置费、二次材料处理深埋费；另一方面是对从事回收处理的企业给予补贴和奖励。

许多发达国家和地区已经实施了废旧电子电器回收处置的收集机制，以促进回收行业的市场化进程，从而促进资源回收。例如，日本早在 2001 年 4 月就开始实施《家电回收法》，规定家电制造商负责电视机、洗衣机、空调和电冰箱四种常用家电的回收和处置；消费者在报废电器时需要支付处理费；2003 年，消费者在购买电脑时必须提前支付回收和处理费。

美国尚未在全国范围内出台有关电子电器收集和处置的法规，但各州已陆续制定了相关法律。加利福尼亚州已经制定了《电子废物回收法案》，自 2004 年以来，该法案要求消费者在购买电脑和电视时提前支付 6~10 美元的处理费。新泽西州和宾夕法尼亚州过去采用简单的深埋和燃烧电子二次材料的方法，州政府征收深埋和焚烧税以消除这种环境污染。简单处理方法的成本大大增加，促使电气制造商努力寻找安全环保的二次材料回收方法。

2000 年 6 月，欧盟宣布了《欧洲议会和理事会关于电子和电气设备废物立法的提案》，其中规定成员国在 2005 年 8 月后统一实施。该法律规定，电子和电气制造商必须承担电子二次材料的回收和处置成本及回收设施的成本。到目前为止，欧盟成员国已将电子材料的范围扩大到包装材料、电池、轮胎、制冷剂、润滑油、油漆等。这些产品的制造商有义务在产品被丢弃时承担回收和妥善处理的责任，非营利组织负责制定和收取相关费用。

1.3.3 鼓励新技术研究与应用

依靠技术创新提高资源利用率和二次材料的可回收性是发展循环经济的根本内因。许多发达国家和地区多年来一直积极鼓励企业采用先进的冶炼和回收技术回收钼、锑、锡、钴、镍、钽等战略稀有金属。

随着回收再利用处理立法的推进，许多科研机构和企业开展了各种二次材料处理技术的研发和推广。我国对一些可回收材料（如废塑料）的处理已经成熟。例如，绿道开发的利用从家用电器中拆下的废塑料制造低成本塑料木材料的技术已经申请了发明专利，并建立了一条生产线，每年生产 5 万吨塑料木型材。我国电视外壳塑料 HIPS 改性技术取得了良好进展。例如，HIPS 成功改造后，长虹有限公司将使其满足新电视外壳的性能要求，然后将其用于新电视外壳制造，形成闭环回收系统。用 CRT 屏幕玻璃制作泡沫玻璃是比较成熟的。泡沫玻璃是以二次玻璃为主要原料，加入发泡剂、变质剂、促进剂等物质，经过破碎、混合、预热、熔融、发泡、退火等工序而成。我国在汽车再制造领域自主研发的先进表面工程、纳米技术和自动化技术极大地提高了可回收材料的性能，并得到了国际标准的认可。该专利允许使用过的汽车发动机不再直接重新加热，而是转向再制造和再利用。经过多年的实践，我国一直积极研究电路板加工技术。典型的例子有清华大学的化学湿法加工技术和中南大学开发的超高温冶炼分离技术，但目前还没有大规模的工业化实践。在印制电路板的生产过程中，迫切需要更新工艺，以减少原材料和能源消耗，减少有毒物质的引入，并寻找清洁能源替代品，以实现低投资、高产量和低污染。

1.3.4 建立回收渠道

我国已经形成了适合本国国情的二次金属、纸张、塑料、玻璃和电子电气产品的回收网络，但只有少数企业形成了完整的产业链。大多数深加工企业缺乏稳定的来料供应。可回收资源主要来自国内生产的二次材料及进口可回收二次材料。

目前，我国二次材料回收产业规模不大，政策支持度低，相关税收政策有待完善。毫无疑问，进口可回收资源是解决原材料短缺的好办法。然而，由于对"全球废物贸易"的担忧，我国目前进口的可回收原材料很少。我国可回收资源进出口国际贸易仍处于空白状态，相关管理部门尚未就进口标准和公认材料种类达成一致。因此，可回收资源的进口缺乏有效的管理和利用。海关总署与环保部门的联合监管和积极填补政策空白，有利于充分利用境外原材料，促进可循环资源产业规模化、集约化发展。

要加大可回收资源的回收力度，增加材料的回收量，全面构建"循环利用→交易→处理→以社区回收站为依托"的可回收资源回收网络体系，形成"循环利用产业链→分拣转运站→分销交易中心→综合利用与治理"作为主线的多渠道协同机制。大中城市人口密集，可回收资源量大，建设回收网络是重中之重。大中型城市可循环利用资源回收系统建设内容主要包括回收渠道建设、回收站点建设、分拣中转站建设、集散交易市场建设和可循环利用资源产业园建设。

1.3.5 开展循环经济宣传

充分利用电视、广播、报纸、网络、广告等现代宣传媒介，广泛开展多层次、多形式的宣传教育活动。特别是深入社区和学校，通过成立宣传小组，提高公众对可循环利用资源重要性的认识。通过分发宣传册等形式，提高全社会的资源节约和环境保护意识，让公众了解日常使用的可回收二次材料的种类和回收方法。树立节约资源和保护环境的理念，自觉消费可回收产品，对消费过程中产生的可回收资源进行分类整理，并出售给回收点或回收企业。发达国家和地区的许多宣传作品采用了多种表现形式（如广告衬衫、公交车喷漆、笔记本电脑等），既有趣又耐用，老少皆宜。相关政府部门还建立了回收服务网站，介绍了回收对环境保护的贡献，例如英国利用统计数据，科学地指导公众进行材料的循环利用。

1.3.6 制定政策保障措施

从中央到地方各级政府要优先安排资金，支持报废汽车、废旧家电、废弃家具等的拆卸回收，支持再生钢材、有色金属等资源回收利用重大项目，支持回收利用回收系统、分拣转运站、配送市场等可回收资源产业园建设项目，研发和推广可回收资源加工利用技术，以及可回收资源的信息服务。

发达国家和地区普遍对垃圾利用行业先进企业给予补贴，主要体现在新建工业园区建设资金补贴，补贴金额占建设资金总额的 30%~50%。2011 年，我国出台了针对可循环资源回收利用产业的强有力的补贴政策，最高补贴金额为 2000 万元，补贴金额不超过项目建设总成本的 50%。国家加大对盈利能力弱、公益性强的改扩建项目的支持力度，推进区域性大型可循环资源再利用基地建设，帮助解决循环利用行业强度低的问题。对废弃物产业进行补贴和扶持的项目包括建设道路、物流、货场、供水供电、仓储等基础设施，以及回收基地的信息服务平台；回收处理基地年总处理能力应达到 20 万吨以上。场地的规划和设置应符合环境和安全标准，相应的污水处理应与拆卸和处理流水线相匹配。

简而言之，可回收资源的再利用是一项有益于现在和未来的宏伟事业，形势紧迫、任务艰巨、责任重大。因此，需要遵循政府主导、市场促进、企业经营的原则，唤醒全社会的力量，加强对可循环资源再利用的理论研究和实践探索，为实现人类社会科学可持续发展提供强有力的物质支撑。

2 金属材料的循环利用

金属材料是指金属元素或主要由金属元素组成的具有金属特性的材料，包括纯金属、合金、金属间化合物材料和特种金属材料。人类文明的发展和社会进步与金属材料有着密切的关系。青铜时代和铁器时代出现在石器时代之后，金属材料的应用是其时代的一个重要标志。近代以来，种类繁多的金属材料已成为人类社会发展的重要物质基础。金属制品的应用范围非常广泛，从日常生活用品到建筑钢材。然而，在使用过程中，也会产生大量的二次金属。如果不回收利用，不仅会造成资源的严重浪费，还会造成环境污染。因此，二次金属的回收利用是非常必要的[8]。

2.1 金属资源的特点及特性

2.1.1 金属资源的特点

金属资源具有以下特点。

（1）分散性和不平衡性。在现代社会中，金属的应用和消费范围极其广泛，导致二次金属资源极其分散。由于经济水平的影响，金属回收资源的区域分布不均衡。行业和企业的性质决定了金属回收资源的不均衡分布。例如，冶金和机械行业的资源较多，而其他行业的资源较少。

（2）循环利用的可持续性。与原始金属相比，二次金属没有发生任何质的变化，具有重熔和重塑性能。因此从理论上讲，二次金属可以无限循环利用，这是其他资源无法比拟的。金属可回收资源的可持续性使其成为解决有限的金属矿产资源与人类对金属无限需求之间矛盾的根本途径。

（3）综合效益。与其他可回收资源相比，金属可回收资源产量巨大，在减少环境污染、节约资源、减少建设投资、提高经济效益等方面具有明显优势。有鉴于此，美国环保署（EPA）已强制要求从"固体废物"类别中去除二次金属。利用再生钢炼钢可以节约炼铁过程，经济效益明显。例如，形成 1000 万吨铁产能需要投资 40 亿元，炼焦和动力煤 2000 万吨，1000m³ 高炉 10 座，65 孔焦炉 14 座，矿车 600 辆，基础设施建设时间 5 年，占用大量土地[9]。1t 再生钢的冶金价值相当于 1t 生铁，可以节省 90% 的材料，减少 86% 的空气污染，减少 76% 的水污染，采矿和冶炼二次材料减少 97%，能源消耗减少 75%，压缩空气节约 86%，工业用水节约40%。

（4）金属资源结构复杂。各种二次金属的物理形态千差万别，这是因为二次金属来自社会生活的不同生产部门和不同消费群体，形状不同、厚度不均、尺寸不同，给回收、储运、分拣、拆解、加工利用带来了复杂性。

2.1.2 金属材料的循环利用特性

金属材料具有以下循环利用特性。

（1）金属材料的易回收性。金属材料具有可回收利用的特点。金属材料由金属原子组成，即使在加热、熔化或变形时，金属仍保持原子状态，其质量保持不变。与其他元素不同，金属和有机化合物会反应形成化合物，它们的原子本质没有改变。因此，地球上金属原子的总量没有改变，只是存在的形式发生了变化。如果不考虑经济因素，使用适当的手段和必要的能源，金属原子是可以重新提取的。因此，一次金属的理化性质也是二次金属的物理化学性质，即二次金属具有重熔性质[10]。

（2）金属材料的可变性。金属也有可变性，金属材料在实际应用中经历各种制造过程（如熔化、固化、热处理、合金化和复合），不仅可以进行变形加工，还可以进行提高金属性能的加工。就可回收性而言，各种工艺可分为加工过程不会损害循环的可回收性和加工过程损害了循环的可回收性两类。加工过程不会损害循环的可回收性，如熔化、固化和热处理；加工过程损害了循环的可回收性，如合金化、复合等。目前还没有有效的精炼方法可以去除铁中的所有杂质（如 Cu、Sn、Ni、Mo、Co 和 W），这些杂质在回收后100%残留。由于回收后纯度下降，许多金属材料失去了应用价值。

从本质上讲，金属是极好的可回收材料，但不同的制造方法可能会损害其可回收性。金属以氧化物、硫化物等形式存在于矿石中。分离提取的金属结合能低，即金属重熔能与金属提取能相比非常低，因此可以说，金属一旦被提取，就可以重复回收、重熔和再生。从这个意义上说，再利用的金属被称为"能源承载资源"，这一特征无疑有利于回收和再利用。二次金属的物理力学性能与金属基本相同或相似，并且具有重塑的能力。它们可以在物理形态上发生变化，以重现其有用的价值。

（3）再生金属的综合利用。再生金属被直接利用、改制修复和深加工，进入生产和消费领域，拓宽了其利用渠道。与重熔回收相比，这是一种更经济、低熵的处理方法，其包括直接利用、改制修复利用和深加工利用。

直接利用：冶金生产、机械加工制造、报废设备和社会回收的废钢可以用作二次钢或作为备件重复使用，比如在生产中小型农具和轻工业产品时，为了维修目的，用型材和板材拆除旧设备。

改制修复利用：废料和部件仍然具有有用的价值，可以通过喷涂、焊接和其他方法进行修复和使用，板材、型材和其他材料的内部质量没有改变，它们已经通过热轧和冷轧转化为符合国家标准的钢材。

深加工利用：钢铁加工中回收的钢铁废料和氧化铁皮可加工成粉末冶金原料和化工产品，如生产铁红、氯化铁、硫酸铁等。

2.2 可循环利用金属行业现状

工业和信息化部、国家发展和改革委员会、生态环境部联合印发《有色金属行业碳达峰实施方案》，提出"十四五"期间，有色金属行业的结构和能耗结构将得到显著优化，低碳工艺的研究和应用将取得重大进展。可回收金属供应比例将达到24%以上。"十五"期间，有色金属产业绿色、低碳、循环发展的产业体系基本建立[11]。

有色金属废料和废件经过冶炼，所产出的有色金属或合金称为可循环利用金属，或可循环利用有色金属合金，有时也将有色金属废料、废件统称为废料。目前，可回收金属主要有铜、铝、铅和锌四类。以铝为例，根据原料来源的不同，铝的生产可分为原料铝和可回收铝两类。传统的原铝生产以天然铝土矿为原料。首先，通过化学方法将其提取成氧化铝，然后通过电解获得液体电解铝（液态铝）。液态铝可以铸造成纯铝，也可以加入少量其他成分（如镁、铜、锰、硅），制成铝合金。不同的合金具有不同的特性。可回收铝是指通过至少一种熔融、铸造或加工工艺，然后进行回收和处理而获得的金属铝。可回收铝通常以铝合金的形式存在。

2020年，我国可回收金属（钢铁和其他有色金属）的产量为2.78亿吨，而2021年为2.81亿吨。其中，钢铁类占可回收金属的大部分，约占94.6%。2021年，我国四大可回收金属总产量达到1500万吨，可回收钢铁产量达到2.65亿吨。根据我国可回收金属市场价格，2021年我国可循环金属市场规模为7200亿元[12]。

随着我国对于低碳减排目标的不断落实，对于可持续发展的不断探索，以及新能源汽车等高新技术行业的不断发展，我国废旧金属回收总量持续增长，2022年我国废旧金属的回收量达到3.08亿吨，同比增长7.31%，废旧金属回收总值为8300亿元，同比增长8.48%。

2.2.1 钢铁可循环利用资源

材料中钢铁一直是数量巨大、循环周期最快的品种，在整个可循环利用资源领域中再生钢铁是一个大类，在金属可循环利用资源中占95%。《废钢铁》

（GB/T 4223—1966）对再生钢铁定义为："已报废的钢铁产品（含半成品）以及机械、设备、器械、结构件、构筑物及生活用品等钢铁部分"。我国再生钢铁主要来源如下。

2.2.1.1 冶金行业

钢坯在加热的氧化和钢材轧制过程中产生大量的坯、材头和氧化铁皮。1998年，这部分可循环利用资源约有 1130 万吨，设备维修、技术改造等非生产过程中产生的可循环利用资源约 370 万吨。冶金行业产生的钢铁可循环利用资源约占总钢铁可循环利用资源量的 45%。自产再生钢一般在企业内部回收处理，质地比较纯净，几何形状单一，便于采用固定的加工方法[13]。

A 钢渣的综合利用

钢渣主要用于炼铁、建材和农业。美国有 50% 钢渣用作高炉熔剂，其他主要用于道路和工程回填。在欧洲一些国家钢渣磷肥使用量很大。日本将钢渣磨细，磁选出精矿粉做烧结料，无磁性渣用于铺路、制取。我国钢渣的利用也取得显著的进展。主要用于如下几方面。

（1）冶金原料。钢渣用于炼铁作烧结熔剂，高炉、化铁炉熔剂，铁水预处理熔剂及炼钢返回渣，富集和提取稀有元素，从钢渣中回收再生钢。

（2）建筑材料。用作生产水泥的原料制钢渣水泥、焙烧水泥熟料，高炉矿渣用作水泥混合材，高性能混凝土掺合料，钢渣用作道路基层材料，代替碎石修路、工程回填、填海造地；其他可用于作玻璃、陶瓷、建筑用砖、玻璃纤维的原料。

（3）农业。钢渣磷肥、钢渣硅肥，改良土壤的矿物肥料，微量元素肥料等用于农业。

B 冶金粉尘的利用

在钢铁厂的生产过程中，产生的主要副产品是除尘灰，除尘灰可以从多个方面产生，如电炉灰和高炉灰。此外，在烧结和冶炼过程中，还会产生大量的除尘灰，对环境造成严重影响。除尘灰的来源是多方面的，一部分有害物质是在日常生活中产生的，包括烟尘；除日常生活和运输外，一些运输车辆的废气排放等有害物质也是除尘灰的来源。最常见的除尘灰来源是工艺生产，这是除尘灰的主要来源。如今，每年排放 130 万吨粉尘灰，造成严重的环境污染，而电炉炼钢是烟尘污染的主要来源。

近年来，越来越多的钢铁企业开始关注如何回收烟尘。除尘灰的综合利用是国内研究的重要课题。目前，除尘灰的利用主要有两个方面：一方面是作为球化后的建筑材料；另一方面是作为炉膛回收的原料。除尘灰球化后，还可作为炉内炼钢的原料，也可作为氧化红铁等低技术材料。当用作这些低技术材料时，就是对除尘灰资源的严重浪费，因此这些仍然需要考虑。国外也十分重视除尘灰的回收利用工程，他们将其中的碳作为墨水等回收，或作为活性炭回收。活性炭是一种吸附能力强的物质，对水和大气起到净化作用。

此外，研究人员还在除尘的综合利用方面做了大量工作。目前通常有湿法处理和火法处理两种类型的方法。与火法处理相比，湿式处理更受欢迎。湿法的主要处理方法是酸处理。使用这种方法进行处理主要包括回收铁和用酸性溶液从预处理的除尘灰中去除杂质。在进行酸处理时，需要使用浸出剂，如盐酸、硫酸和硝酸。火处理比湿法处理简单得多，直接烧结除尘灰就是其处理的方法。火法处理实际上是回收有色金属来生产炼铁和化工原料，减少环境污染，创造经济效益。

2.2.1.2 社会回收

社会回收主要来自生产资料和生活资料，机械行业约占可循环利用的 16%，其他有船舶、车辆、设备、设施和生活日用品等[14]。社会再生钢构成复杂，材质离散，几何形状差异大，小部分改制、修复再使用，大部分重新熔化可循环利用。由于我国对疫情的有效控制，我国的供应链流通能够得到有效保障。如今，随着全球供应链的逐步复苏，我国在全球供应链中的地位进一步提升，大宗商品进出口规模比以前有所增加。这同样适用于有色金属和相应废料的进出口。2019年，我国粗钢和钢铁产量分别为 9.96 亿吨和 12.05 亿吨，同比增长 8.3% 和 9.8%，粗钢产量创历史新高；回收再生钢约 2.4 亿吨，同比增长 13.3%。2020年，我国粗钢和钢铁产量分别达到 10.6 亿吨和 13.2 亿吨，同比增长约 2.8% 和 0.9%。2021 年全国钢铁增长趋势较前有所放缓，但可回收钢铁产量正在逐步增加，达到 2.65 亿吨。2022 年，我国全年废钢铁回收量约为 2.4 亿吨，受疫情影响同比有所下降，其中大中型钢铁企业废钢铁回收量为 2.17 亿吨，其他企业废钢铁回收量为 2350 万吨。

2.2.2 有色金属可循环利用资源

我国可循环利用有色金属产量超过 100 万吨，有色金属可循环利用资源主要来源如下：有色金属冶炼过程产生的废品、废料，是有色金属可循环利用资源第一来源，大部分返回冶炼厂再利用；有色金属及其合金在加工过程中产生的废品、废料，加工成材的有色金属利用率只有 60%~70%，其余都成为废品和废料，包括碎屑、进料、溅料、鳞皮、废催化剂、电缆的端料等；报废的装置、仪器仪表，如车床、车辆、飞机、军事装置、废蓄电池等；日常生活用品的二次材料，如牙膏皮、饮料罐、包装铝箔。

我国 1995—1997 年有色金属平均循环利用率中，铜的循环利用率最高，达到 63.6%（铅 40%、铝 15%），10 种有色金属合计 30%。2021 年，我国可回收铜、铝、铅、锌产量将达到 1570 万吨，产值将达到 5000 亿元。进入前 20 名的可回收有色金属企业营业总收入达到 2140 亿元，占可回收有色金属行业总产值的 40% 以上。100 亿元以上企业 9 家，50 亿~100 亿元的企业 9 家、30 亿~50 亿元的企业 2 家。其中，5 家可回收铝企业营收 471 亿元，占比 22%。2022 年，我国主要再生有色金属产量合计为 1655 万吨。其中，再生铜产量 375 万吨，再生铝产量 865 万吨，再生铅产量 285 万吨。

近年来，有色金属行业是我国"双碳"倡议的一个关键领域。在"双碳"目标下，我国有色金属行业面临多重机遇。与"双碳"经济相关的有色金属需求（如风电、光伏、新能源电池和轻型运输）正在逐渐增加。新兴矿产的开发将成为拉动我国有色金属需求的新增长点。此外，可循环利用的有色金属行业将获得新的发展机遇。

（1）2019—2022 年我国可循环利用铝产量。循环经济已逐渐发展成为我国的一种重要经济形式，我国可回收铝的产量持续上升。2019 年，我国可回收铝产量达到 725 万吨。我国有色金属工业协会的最新数据显示，2020 年，我国可回收铝产量达到 740 万吨，同比增长 2.1%，我国可循环铝产量仅占电解铝产量的 20%，远远落后于发达国家和地区。2022 年，我国再生铝产量 865 万吨。

受全国电力供应紧张的影响，电解铝限产的消息逐渐浮出水面。在碳中和的背景下，我国电解铝产能已达到 4500 万吨的红线。预计未来新增产能将受到限制，可回收铝将成为填补"供需缺口"的关键。与原铝生产相比，每吨可回收铝相当于节约 3443kg 标准煤，节约 22m³ 水，减少 20t 固体废物排放。通过废铝回收发展循环经济，可以有效缓解铝矿石供需矛盾，降低铝矿石资源对外依存度。原铝生产涉及铝土矿开采、长途运输等，氧化铝和电解铝生产能耗巨大。与原铝生产相比，可回收铝生产的固定资产投资较小，生产成本较低。可回收铝具有显著的经济效益。此外，可回收铝制品的应用领域主要包括传统和新能源汽车、摩托车、电子信息、机械制造和建筑五金行业。目前，汽车、摩托车和电动汽车占下游消费总额的近 70%，是可回收铝产品的主要消费领域。目前，汽车行业正在复苏，预计我国可循环利用铝市场需求会快速增长。《"十四五"循环经济发展规划》提出到 2025 年，可回收铝和铅的产量将达到 1150 万吨。

（2）2019—2022 年我国可循环利用铜产量。2016 年至 2019 年，我国可循环利用铜产量稳步增长。据我国有色金属工业协会再生金属分会介绍，2020 年，受疫情影响，可回收铜产量下降，产量为 325 万吨。2021 年，产量达到 353.7 万吨。2022 年，我国再生铜产量达到 375 万吨。

目前，发达国家和地区已经建立了完善的再生铜回收体系。例如，美国再生铜占铜总产量的 60%，而德国占 80%。我国的比例只有 30%~40%。可回收铜作为一种可回收资源，是实现碳达峰和碳中和的重要途径之一。在双碳驱动的背景下，国家政策大力发展可回收资源产业。因此，我国再生铜产业还有很大的发展空间。

3   钢铁的循环利用

近年来，金属资源的浪费问题日益突出，特别是在再生钢的回收利用方面，形势不容乐观。再生钢的回收再利用是经济发展的重要组成部分，在整个钢铁行业中，有30%~40%的资源来自回收钢铁的回收和再利用。再生钢是指废钢产品（包括半成品）和机械、设备、器具、结构件、构筑物、生活用品等钢铁零部件，这些是电弧炉炼钢的基本原料。对于氧气转换器来说，再生钢既是一种金属材料，也是一种冷却剂。再生钢是二次炼钢铁的来源，世界上一半的钢铁生产来自再生钢铁。做好再生钢的回收再利用工作，不仅可以解决我国资源短缺问题，还可以减少环境污染，提高社会经济效益。然而，再生钢的回收过程中仍存在不少问题，严重影响了再生钢的循环利用率[15]。我国钢铁行业再生钢回收利用与发达国家和地区相比存在显著差异，严重影响了钢铁行业的良好发展。同时，我国再生钢利用率仅为17%，远低于45%的世界平均水平，再生钢的回收和储存也远落后于世界平均水平。

3.1   再生钢铁行业概述

3.1.1   再生钢铁的定义及分类

再生钢铁是由钢铁材料制成的各种机械设备、运输工具、农业机械、机具、建筑用材、军用物资、家居用品等经过一定使用寿命后的报废产品；或是这些产品生产过程中产生的废料、边角料和含铁的二次材料；因为技术进步和过时的经济指标而被取代的过时产品也属于再生钢铁的范畴。此外，报废的机动车、各种报废的铁路设备、报废的船舶、损坏的机械设备、用过的自行车、各种过时的家用电器、被拆除的建筑钢材和工程项目产生的各种钢材废料，其范围、数量和质量数不胜数。然而，它们都有一个共同的特点，即失去了原来的使用价值。因此换言之，失去原有使用价值的钢铁产品都可以归为再生钢铁。

再生钢根据其生产来源可分为两类：一类是在各种生产过程中产生的废钢（称为生产废钢）；另一类是社会各行业因报废和贬值而产生的再生钢（简称贬值废钢）。

3.1.2   再生钢铁的利用价值

"十四五"期间，我国将继续加快产业结构调整，转变发展方式，发展低碳经济和循环经济；建设"资源节约型、环境友好型"社会；发展再生钢，提高其供应能力，减少铁矿石的开采和应用，提高再生钢的消费率，从资源配置的源头避免碳排放对经济发展具有很高的现实价值和战略意义[16]。再生钢铁的利用价值如下。

（1）再生钢是一种能源承载资源，再生钢在炼钢中的应用可以显著降低钢铁生产的综合能耗。从工艺的角度来看，炼钢分为长流程和短流程。长流程一般指转炉炼钢，以铁矿石（生铁）为主要原料，再生钢为辅助，其流程为：铁矿石→焦化→烧结→炼铁→炼钢→滚动；短流程一般是指以再生钢为主要原料，生铁为辅助的电炉炼钢，其流程为：再生钢→炼钢→轧钢。

在大型钢铁联合企业中，从铁矿石进入到炼焦、烧结、炼铁、炼钢的全过程能耗和污染排放主要集中在炼铁和预处理，一般占综合能耗的60%。也就是说，与铁矿石相比，用再生钢直接炼钢可以节省60%的能源。每增加1t再生钢可少用1t生铁，可节约0.4t焦炭或1t左右的原煤。

（2）再生钢是一种低碳资源，在炼钢中应用再生钢可以显著减少"三废"的产生，减少碳排放。与长流程相比，短流程可以减少炼铁、炼焦和烧结等预处理过程中废水、废渣和废气的产生。对于钢铁企业，一般可以实现 $CO/CO_2/SO_2$ 减少排放86%，废水排放减少76%，废渣排放减少72%。如果加上铁矿石选矿过程中产生的尾矿，以及焦化和烧结过程产生的粉尘，废渣的排放量可以减少97%。换算成物理量，使用1t再生钢可减少0.35t炼铁炉渣和2.6t尾矿；结合烧结和焦化产生的粉尘，可减少约3t固体废物的排放。

（3）再生钢是一种可无限循环利用的可再生资源。发展再生钢并提高其供应能力是缓解对铁矿石依赖的重要途径。钢铁设备制造→使用→报废，每8~30年循环一次，可以无限期重复使用，自然损坏非常低。再生钢的大量应用有利于减少对原始资源的开采，有利于自然的平衡，有利于人与自然的和谐。每增加1t再生钢可减少1.7t精矿粉的消耗，减少4.3t原矿的开采，减少2.6t钢铁尾矿的排放。我国是一个铁矿石资源相对贫乏的国家，多年依赖进口，依赖率超过60%。成本的大幅增加、利润的紧缩和被动进口导致了人力资源环境的日益紧张。

（4）再生钢铁是一种重要且不可或缺的优质炼钢原料，将逐渐取代部分铁矿石的地位，成为钢铁行业的主要炼钢原料之一。

无论是"长过程"还是"短过程"，钢铁都离不开再生钢，这是由炼钢工艺决定的。再生钢是铁矿石原料的优质替代品，优于其他可回收资源，不会随着循环次数的增加而降低其物理和化学性能指标，从而降低产品质量。此外，再生钢铁是一种可无限循环利用的可回收资源，是实现钢铁循环利用的重要物流载体。随着全球钢铁储量的逐渐增加和地球上一次资源量的急剧减少，实现钢铁物流循环是整个钢铁行业的最终目标，再生钢铁将越来越显示其资源优势和主导趋势。

总之，再生钢是钢铁行业炼钢不可或缺的主要原料，是节能减排的"绿色资源"，是可以无限循环利用的可再生材料。它在节约能源、保护环境、减少对初级资源的开采、维护自然平衡等方面具有较高的开发利用价值。它将对发展"绿色钢铁"、发展低碳经济、建设"两型"社会发挥重要支撑作用。

3.1.3 再生钢铁产业要素

作为现代钢铁工业中不可或缺的重要炼钢原料，再生钢的回收、采购、加工、分销和炼钢构成了产业链的主体。在钢铁生产、钢铁产品生产和城乡居民日常生活过程中，逐渐产生了大量的再生钢铁，即废钢和不能按预期使用且必须回收用于冶炼的钢铁产品。再生钢加工配送企业从国内城乡再生钢回收网点、再生钢生产企业或境外采购批量再生钢原料。通过专业的再生钢加工生产线，按照不同的材料进行分类，按照不同类型的再生钢进行分类，根据《废钢铁》（GB/T 4223—2017）对其进行加工、提纯，生产出各种清洁型的再生钢，销售或分销给钢铁企业进行炼钢。

以再生钢的加工和分销为生产主体，连接上游再生钢回收网络、下游再生钢应用企业，以及冶金矿渣、直接还原铁、钢铁尾矿、再生钢加工设备等衍生产业。我国再生钢铁工业是一个集科技、工业、贸易于一体的相对独立的企业和科研集团。该行业的基本要素包括原材料社会化采购、专业化生产加工、产品社会化销售、专业化物流配送、标准化产品、国家标准、政策法规等。

再生钢铁循环利用是我国新兴的可循环利用资源产业，具有较高的经济效益、环境效益和社会效益。它是一个新兴的循环利用和低碳经济产业，其越来越受到国家、各级政府、钢铁行业和行业的关注，发展前景广阔。"十四五"期间，再生钢铁行业将在"十三五"规划的基础上，加快产业振兴和科学发展。围绕加快产业结构调整、改变发展方式和发展低碳经济三个方面，扩大产能、推广应用、提高质量、最大限度满足钢铁行业需求。扩大"精料入炉"，提高节能减排的经济效益和环境效益，提供丰富优质的资源保障和应用技术保障，最终实现钢铁物流的流通。

3.2 钢铁循环利用的政策及现状

3.2.1 铁矿石资源紧缺

我国是世界上铁矿石资源相对丰富的国家，但人均资源相对较低，资源质量较差，贫矿较多。我国铁矿石平均品位为33%，比世界平均品位低11%。97.2%为贫矿，只有2.5%为含量大于55%的富矿。富矿的可采储量只有1.9%，而我国的铁矿石大多在地下，开采困难。我国铁矿石资源的上述特点决定了国内铁矿石开发成本高、利润低，制约了国内铁矿的开发。

与此同时，我国国内生产的铁矿石供应增长相对缓慢，无法跟上需求增长的步伐，我国钢铁公司开始寻求海外货源，进口量呈逐年大幅增长的趋势，增加了对进口矿石的依赖，我国铁矿石产量呈现先增后减的趋势，但在 2019 年有所回升。国家统计局的数据显示，2014 年，我国铁矿石产量达到峰值，达到 15.1 亿吨，创历史最高水平。自 2014 年以来，我国的原铁矿石数量逐年减少，2019—2020 年略有增加。2020 年，铁矿石原矿量为 8.7 亿吨，同比增长 3.2%。2013—2020 年，我国生铁总产量呈增长趋势。2022 年，全国进口铁矿石总量为 11.07 亿吨，生铁产量为 8.64 亿吨。铁矿石已成为中钢的主要支出成本，钢铁行业的利润空间明显压缩。目前，我国铁矿石进口量已达到 60% 以上。如果世界三大铁矿石巨头（巴西淡水公司、澳大利亚必和必拓公司和英国力拓集团）继续提高铁矿石价格，将严重威胁我国的经济安全。

3.2.2 钢铁产量持续增长

我国的钢铁生产始于 20 世纪，真正发展到 20 世纪末。2000 年粗钢产量约为 1.29 亿吨，2012 年为 7.17 亿吨，增长了近六倍。再生钢的总消费量增加了近三倍，从 2000 年的约 2900 万吨增加到 2012 年的约 8400 万吨。再生钢是炼钢所必需的材料。当前，我国工业化和城镇化进程仍在加快，钢铁总需求仍呈上升趋势，对再生钢的需求将继续增长。2015 年，我国粗钢产量估计为 7 亿~7.5 亿吨。2020 年，粗钢产量约 10 亿吨，再生钢总供应量约 2.55 亿吨，其中折旧再生钢 1.4 亿吨，自产再生钢 5600 万吨，加工再生钢 6000 万吨。2022 年，我国粗钢产量下降至 10.18 亿吨，占全球粗钢产量的 54%；再生钢消费量下降为 2.15 亿吨。我国仍然是全球最大的再生钢消费国。

3.2.3 炼钢工艺逐渐发展

钢铁工业属于加工业。要实现清洁生产，即以最低的资源消耗、最高的生产效率、优化的质量控制和接近零排放的最低环境负荷生产合格、低成本的优质产品，就必须加强工艺技术优化，最重要的是优化整个钢铁生产工艺。

与高炉转炉法相比，使用再生钢作为原料的电炉炼钢具有较低的基础设施投资。同时，由于直接还原的发展，使用金属化球团来代替电炉中的大部分再生钢，极大地促进了电炉炼钢。在可再生钢铁资源丰富、电价较低的国家和地区，电炉炼钢发展迅速。在我国，由于缺乏可再生钢铁资源和高电价，电炉钢的比例仅为 10%~13%。尽管如此，电炉炼钢仍是我国钢铁工业未来发展的主要方向。由于世界电炉钢生产发展的历史先在发达国家和地区崛起，电炉钢占比逐年提高的总体趋势不会改变。我国再生钢的产量将逐步增加，国家宏观调控政策将有利于电炉钢生产的发展。随着我国电力资源的发展和钢铁产品结构的调整，直接使用再生钢炼钢的电炉生产将逐步扩大，再生钢资源将得到广泛利用。同时，随着炼钢技术的改革，炼钢周期从十几个小时缩短到几个小时，甚至到几十分钟。目前的平均炼钢周期约为 30min。为了在短时间内完成冶炼过程，获得优质合格的产品，我国采取了炉前铁水脱硫、炉后精炼等技术措施。因此，应用的再生钢也必须是纯净优质的，才能与生产同步并满足工艺要求。

据国际回收局统计，2021 年，我国再生钢使用量居世界首位，达到 2.26 亿吨；欧盟地区位居第二，共使用 8790 万吨再生钢；美国使用 5940 万吨再生钢，是世界上使用再生钢的第三大地区。从全球主要国家/地区的再生钢利用率来看，2021 年，美国的再生钢比例为 69.2%，与 2020 年保持一致。2021 年，欧盟回收钢铁的比例比 2020 年增加了 0.6%，达到 57.6%。2021 年，韩国再生钢铁的比例为 40.1%，比 2020 年提高了 1.6%。2021 年，日本的再生钢比例为 34.8%，与 2020 年保持一致。从主要可再生钢铁进口地区的进口量来看，土耳其仍然是世界上最大的可再生钢铁进口国，2021 年进口量为 2499 万吨，同比增长 11.40%，其次是欧盟 27 个国家和地区，2021 年的进口量为 637 万吨，同比增长 55.52%，排在第三位的是美国，2021 年进口量为 526 万吨，同比增长 16.62%。在出口方面，欧盟和美国以及欧盟 27 个成员国、美国和日本是全球再生钢出口量前三的国家和地区。2021 年，出口量分别为 4790 万吨、1791 万吨和 730 万吨，增速分别为 13.78%、6.10% 和 -2.10%。据统计，2021 年，我国消费了 2.26 亿吨再生钢，成为全球最大的再生钢消费国，再生钢的比例为 21.9%，比 2020 年略有上升。2022 年全年，我国粗钢产量为 10.18 亿吨，同比下降 1.7%。但依然是全球粗钢产量第一大国，且占比仍超过了 50%。其中，我国的"再生钢"消费量为 2.15 亿吨，同比下降 4.8%，也仍然是全球最大的再生钢消费国。

3.2.4 国家政策大力支持

我国是一个发展我国家，在长期的经济发展过程中，对钢铁的需求量很大，多年来产量一直位居世界第一。但是，钢铁行业的技术水平和材料消耗与国际先进水平仍有差距。如何提高整体加工技术水平，提高环境保护和资源综合利用水平，提高冶金行业固体废物处理的科技水平已成为我国钢铁工业关注的焦点[17]。

国家发展和改革委员会 2005 年制定的《钢铁产业发展政策》对冶金企业节能减排、淘汰落后产能、鼓励企业采用以再生钢为原料的短流程炼钢技术等提出了具体要求，以及实施精炼材料进炉。该政策积极推动再生钢的"粗粒细作"，并鼓励发展配送中心。再生钢供应企业要树立"品牌效应"理念，生产优质品牌再生钢，以优秀品牌求利润、求发展，提高自主创新能力和行业技术底蕴。随着我国再生钢数量的增加，"少吃矿石、多吃废钢"已成为行业发展的主要方向。

2011年3月，《国民经济和社会发展第十二个五年规划纲要》确立了大力发展循环经济的总体发展路径：遵循减量化、再利用、资源化的原则，以提高资源产出效率为目标，促进各生产环节循环经济的发展，流通、消费，构建覆盖全社会的资源循环利用体系。建议建立完善资源回收利用体系，加快构建城市社区和农村回收站、分拣中心、配送市场"三位一体"的回收网络，推动可回收资源规模化利用。加快完善再制造旧件回收体系，促进再制造产业发展。

2012年，工业和信息化部发布了《废钢铁加工行业准入条件》和《废钢铁加工行业准入公告管理暂行办法》，设定准入门槛，确保再生钢铁行业规范健康发展。

2013年1月，国家发布的《循环经济发展战略及近期行动计划》再次提出，要完善可回收利用网络。加快建设集城市社区和农村回收站、分拣中心、配送市场于一体的回收网络；鼓励各类投资主体积极参与回收点的建设和改造，建立符合环保要求的专业分拣中心，逐步建立一批分拣技术先进、环境处理设施完备、劳动保护措施健全的废旧物品回收分拣聚集区。同时，提出实施循环经济"十百千"示范行动；建设网点布局合理、管理规范、回收方式多样、重点品种回收率高的80个左右可循环利用体系示范城市，规范建设100个废旧物品回收分拣集群，培育100家组织规模大、技术先进的龙头企业，推动一批商贸流通企业参与回收体系，促进可回收资源的贸易流通，提高回收利用率。

以上这些政策，都为发展再生钢铁回收及加工利用项目提供了强有力的支持。

3.3 再生钢铁处理技术

3.3.1 再生钢分类

通常有两种方法可以对需要加工的再生钢进行分类：首先，根据其来源可分为回收再生钢（自产再生钢）、加工再生钢、折旧再生钢和进口再生钢四类；其次，根据其结构特点将其分为轻薄纯材料、轻薄混合材料、厚重二次金属三类[18]。再生钢按用途分为冶炼再生钢和非冶炼再生钢，而合格再生钢是指可直接用于冶炼的再生钢。合格再生钢的基本要求如下。

（1）再生钢应清洁、干燥，再生钢表面应尽可能无油、沉积物、水泥、耐火材料、橡胶、矿渣等杂质；碳含量（质量分数）小于2%，硫和磷含量（质量分数）不大于0.05%。

（2）再生钢应具有适当的外部尺寸和质量；再生钢两端不得有封闭的管道、

封闭的容器、易燃易爆材料、废弃武器或有毒物质。

(3) 不同的再生钢应分类存放，以避免贵重合金的损失或造成冶炼废料。

3.3.2 再生钢的分离破碎技术

从上述再生钢冶炼合格的要求可以看出，为了使再生钢适合运输、装载和合理有效的冶炼，不规则的再生钢需要加工成具有一定尺寸、密度和清洁度的炉内再生钢。主要加工目的包括：缩小尺寸；增加密度；分类、分选、净化。

因此，为了达到上述目的，应根据材料对不同类型的再生钢采取不同的加工方法。再生钢一般通过公路或铁路运输至再生钢处理厂。一般来说，购买的再生钢在进入之前需要通过辐射探测器进行放射性物质检测。合格的再生钢被送往分拣厂进行分拣，不同类型的再生钢则被送往不同的处理车间进行后续处理，如落锤、剪切、包装、火焰切割、破碎等。处理后的合格再生钢可被送往再生钢炼钢室熔炉冶炼。经过多年的研发，我国再生钢加工设备已形成了品种齐全、品种繁多、功能齐全的设备格局，主要有包装机、钢屑挤出机、鳄鱼式剪切机、门式剪切机、滚筒破碎机、破碎生产线、抓钢机、移动剪切机和辐射监测设备等。目前处理再生钢的方法主要包括以下几种。

(1) 火焰切割。火焰切割是使用氧气切割炬切割再生钢，如氧气-丙烷、氧气-乙炔、氧气-焦炉煤气等。该方法可以处理各种物体，操作简单灵活，只需要提升设备和气割工具，并有一定的操作面积。然而，与剪切加工相比，该方法具有低生产率、高消耗和较差的劳动条件。此外，切割产生的烟尘不仅污染环境，还会影响作业人员的健康。

(2) 落锤和钢锤破碎。在冶炼钢铁的生产中，经常会产生大的铁块，一些大体积的废钢需要粉碎。在过去，通常使用落锤的方法进行加工。落锤破碎是利用重达 8~15t 的钢锤（或钢球）从高处自由下落，利用落锤释放的重力势能对钢材进行破碎的过程。落锤是一种处理再生钢的传统方法，适用于处理大型易碎材料。然而，为了防止锤击作业中的安全事故，安全措施必须全面，导致投资成本高。最近开发的石锤破碎法是高效、环保的，并且与落锤法相比具有显著的优势。它可以执行以下任务：清空罐中的钢渣，粉碎各种生铁产品，粉碎红热钢渣，粉碎超大钢渣，粉碎废辊。

再生钢破碎主要用于处理轻质和薄型混合再生钢，目前主要使用破碎生产线。除了破碎机，它还配备了输送设备、分选设备、磁选设备、除尘设备等。它不仅可以粉碎再生钢，还可以从再生钢中分离夹杂物和附着物，生产出纯净优质的再生钢和各种有色金属，特别适用于报废汽车的加工和家电用轻薄再生钢的加工。

(3) 切割和包装。再生钢切割是使用机械驱动的鳄鱼剪刀或液压剪刀将再生钢切割成符合要求规格的合适炉材的过程。与火焰切割相比，切割具有机械化程度高、再生钢损耗低、工作效率高、大气污染低的优点。包装压块是将松散材料（厚度小于6mm的各种边角材料、金属结构件等）在专用压机上多次压制成体积密度为1.4~3.2t/m³的矩形块，便于运输和冶炼的过程。

3.4 再生钢铁加工行业准入条件

3.4.1 规模工艺和装备

（1）新成立的再生钢加工配送企业要求厂房面积不低于3万平方米，具备合法的土地使用手续（租赁合同不低于15年），工作场地不低于1.5万平方米。新建企业应配备剪切或破碎设备，以及配套的装卸设备和车辆，并必须配备辐射监测仪器、电子秤和非钢夹杂物分类设备。

（2）再生钢加工配送企业的改扩建，要求厂房面积不低于2万平方米，办理合法用地手续（租赁合同不低于15年），土地面积不低于1万平方米。改扩建企业应配备剪切或破碎设备，以及配套的装卸设备和车辆，并必须配备辐射监测仪器、电子秤和非钢夹杂物分类设备。

（3）新建再生钢加工配送企业，年再生钢加工能力必须达到15万吨以上；到2014年年底，改扩建再生钢加工配送企业年再生钢加工能力要达到10万吨以上。

（4）新建或扩建再生钢加工配送企业应选择生产效率高、加工技术先进、能耗低、环保标准高、资源综合利用率高的加工生产体系。必须配备除尘、污水处理、噪声治理等环保设施，加工技术和设备应符合国家产业政策和禁止、限制用地项目清单的相关要求。

（5）鼓励企业积极开发和使用节能、环保、高效的新技术、新工艺、新设备，逐步淘汰鳄鱼剪式剪切机。

3.4.2 产品质量

（1）再生钢加工产品符合国家再生钢标准，杜绝夹带和掺假现象。

（2）再生钢加工配送企业应当配备专职质量管理人员，建立质量管理体系。鼓励ISO质量管理体系认证和环境管理体系认证。

3.4.3 能源资源综合利用

（1）新建、扩建再生钢加工配送企业加工生产系统综合用电量应小于30 kW·h/t$_{再生钢}$，新增用水量应小于0.2t/t$_{再生钢铁}$。

（2）对再生钢加工过程中产生的各种夹杂物（如有色金属、橡胶、塑料、木块、矿渣、纤维、汽油、石油、氟利昂、电池等），应采取相应的回收、处理措施和合法的流向，避免二次污染。

3.4.4　环境保护

（1）新建、改建、扩建再生钢加工配送企业应当严格执行环境影响评价制度，并按照环境保护监督管理部门的有关规定提交环境影响评价文件报批。按照环境保护"三同时"的要求建设配套的环境保护设施，并依法在工程竣工时申请环境保护验收。经环保部门验收合格后，方可投入生产。

（2）根据环境保护主管部门的规定和相关制度，应当有健全的环境保障体系，依法履行环境保护义务。

1）材料场必须安装或配备放射性检测设备；地面必须经过硬化处理；破碎生产线应配备除尘设备。

2）再生钢加工配送企业的污染物排放应符合《污水综合排放标准》《大气污染物综合排放标准》的要求，并应符合工业固体废物、危险废物处理处置和污染物排放总量指标的要求。

3）再生钢加工配送企业的噪声应符合《工业企业厂界环境噪声排放标准》的要求，具体标准按当地人民政府指定的区域类别执行。

4）有毒、有害、易燃、易爆残留物应由有资质的企业按照国家有关要求进行处理；拥有专职的环境管理人员和全面的安全环保体系。

（3）再生钢加工和配送企业应建立雨水、生产废水和生活废水的收集和回收系统。废水应经无害化处理达标排放，或排入城市污水集中处理系统处理；应有废油回收和存储设备及相关处理措施。再生钢加工和分销企业应具备突发环境或污染事件的应急设施和应对计划，消防设施应符合国家标准的要求。

3.5　产业现状及展望

再生钢资源主要有钢厂自产再生钢、炼钢再生钢、社会再生钢和进口再生钢四个来源。钢厂自产再生钢和炼钢再生钢与年钢铁产量成正比，规模相对稳定。再生钢的进口受到限制进口外国废物政策的影响，导致数量急剧下降，近年来进口量更小[19]。再生钢的社会回收包括从机械、铁路、车辆、船舶、建筑等生产再生钢，以及从旧家具和设备回收的再生钢，产生的废物量与钢铁的积累成正比。未来随着钢铁积累的增加，再生钢的社会回收将带动再生钢资源的持续增长[20]。

据估计，到2030年，再生钢资源将超过3.2亿吨，巨大的资源可能支持使用再生钢作为主要原材料。在建立再生钢回收体系的过程中，需要根据每个地区的发展特点，建立相应的再生钢回收再利用基地。基地建设时要统一管理，制定统一标准。日常规范和操作有效解决了再生钢回收利用中存在的问题。同时，相关人员应加深对当前市场发展方向的理解和认识，实现可回收资源的合理科学配置，将再生钢回收体系朝着专业化、标准化方向发展[21]。

自 2004 年以来，我国初步建立了再生钢加工配送体系，并成立了一些大型再生钢加工和分销专业公司；需要加强与国家可再生资源企业的沟通与合作，合理布局，建立区域回收网络，在此期间建立大型钢材基地和回收钢材加工配送中心，以形成"十四五"期间统一、连续的废弃物回收网络。在实际工作过程中，相关工作人员需要改进再生钢的回收利用，应改变加工利用的有效性和质量的发展策略，以更好地满足钢厂的实际工作需求，促进钢铁行业在当前时代的良好发展[22]。

近日，工业和信息化部公布了 143 家符合"废钢加工行业准入条件"的企业名单（第十批）[23]。截至目前，已公布的再生钢加工批准企业共 10 批 705 家，年加工能力 1.6 亿~1.7 亿吨。2021 年，加工能力接近 1 亿吨，占社会再生钢总量的一半以上。再生钢铁加工配送体系基本建立，形成了"循环–加工–利用"的再生钢铁资源综合利用产业链。

业内人士表示，再生钢是钢铁行业的主要铁原料之一，是可以大量替代铁矿石的可回收资源。用好再生钢铁资源，可以减少对铁矿石的依赖，减少碳排放，是实现"双碳"目标的重要途径之一。用再生钢冶炼 1t 钢铁，可节约精炼铁粉约 1.6t，以及标准煤 350kg 和新水 1.7t。相应减少 1.6t 二氧化碳和 3t 废渣的排放，对节能环保具有重要意义。同时，在《废钢铁加工行业准入条件》的指引下，再生钢行业也在向标准化方向快速发展。可再生钢铁资源逐步向具备准入条件的企业集中，经过标准化加工后分级分质流向标准化钢铁企业。钢铁行业再生钢炼钢利用率明显提高，再生钢比重稳步提高。

2021 年，再生钢比例达到 21.9%，为十年来最高，比"十二五"末（10%左右）的水平翻了一番。再生钢铁资源利用水平将实现新突破，为我国钢铁产业转型升级、节能降碳提供资源保障。据我国可再生钢铁应用协会介绍，到 2025 年，我国可再生钢铁资源将达到 3 亿~3.2 亿吨，到 2030 年，我国再生钢铁资源将超过 3.5 亿吨。届时，我国钢铁工业的原材料结构将发生巨大变化[24]。

同时，近年来，再生钢铁行业在信息化、数字化、智能化方面发展迅速。一些企业自主开发了信息管理系统，并与物流平台集成，实现了商流、物流、资金流、票据流、信息流的"五流融合"。其实现了对再生钢回收、加工、物流和交易流程的智能化、可视化和透明化管理，并利用区块链等先进技术确保交易的真实性。

一些企业自主研发了再生钢智能分级系统，利用机器视觉感知再生钢车辆的卸载过程,逐层采样,并通过人工智能和机器学习,在卸载过程中进行单层分级和整车分级,智能识别废钢,不符合尺寸标准的杂质、异物等,并对爆炸物和密封容器等危险品进行预警[25]。一些再生钢加工基地还建设了绿色智慧化工厂,通过智能制造和数字化转型升级,实现关键加工环节少人甚至无人,提高了基地的本质安全和本质环保。

4 铝的循环利用

再生铝是以回收来的废铝零件或生产铝制品过程中的边角料及废铝线等为主要原材料，经熔炼配制生产出来的符合各类标准要求的铝锭[26]。再生铝的主要原料是废铝，废铝可以逐步回收利用，具有节约资源、减少对外对铝矿石资源依赖、环保、经济优势等特点。这种铝锭采用再生废铝，生产成本较低，是对自然资源的再利用，具有很强的生命力。产品更新的频率正在加快，废旧产品的回收和综合利用已成为人类可持续发展的重要问题。再生铝是我国近年来发展起来的重点产业[27]。再生铝作为我国铝消费的重要组成部分，其消费量约占我国铝消费总量的16%。目前，在碳中和政策背景下，可再生铝在节能减排方面具有明显优势，将迎来新的历史发展机遇[28]。

4.1 我国再生铝产业现状、发展趋势及特点

4.1.1 我国再生铝产业现状及发展趋势

我国是铝的主要生产国，但与其他发达国家和地区相比，整体产业结构不合理，再生铝产业规模不发达。2020 年的产量达到了 3700 万吨，创历史新高。然而，我国政府希望将其年精炼能力限制在 4500 万吨，再生铝生产商在减少排放的压力下寻求回收更多的二次金属[29]。

目前，急需提升再生铝产能，以缓解电解铝供应有限造成的工业短缺。提高再生铝的利用率也是铝行业实现"双碳"目标的关键路径方法。在"双碳"和限制"两高"政策的背景下，再生铝的能耗相对占主导地位，再生铝碳排放量仅占电解铝全过程的 3%。面对电解铝产能的"天花板"，发展可再生铝产业不仅是解决铝产业发展资源的重要途径，也是实现铝产业减碳的主要途径之一，是国家明确支持、鼓励发展的产业[30]。根据我国有色金属工业协会再生金属分会的数据，2020 年我国再生铝产量持续增长，达到 740 万吨，同比增长 2.1%。截至 2020 年，我国是最大的再生铝生产国和消费国，再生铝的重量约占全球年产量的 1/3。

目前，再生铝主要用于生产铸造铝合金和铝铁。前者用于交通运输、电气工程、结构材料、日用百货和建筑业，后者用于炼钢的除氧剂和脱硫剂。再生铝的生产具有"重材料轻工业"的特点，直接材料占再生铝成本构成的 90% 以上，

主要是废铝，还有少量的铜、硅等合金材料。不同企业的再生铝加工成本差异相对较小，成品销售有公开市场报价。因此，采购废铝的成本是各企业生产成本的主要差异。

我国的再生铝企业大多规模相对较小。目前，全国有上千家再生铝企业，主要是民营和外资（合资）企业，市场化程度高，市场集中度低，行业竞争激烈。我国有色金属工业协会的最新数据显示，近年来，我国再生铝产量持续上升。2019 年达到 725 万吨；2020 年，我国再生铝产量为 740 万吨，同比增长 2.1%；2021 年我国再生铝的产量将达到 765 万吨；2022 年产量将增至 780 万吨。

国家发展和改革委员会印发了《"十四五"循环经济发展规划》，通知指出，到 2025 年，主要资源产出率比 2020 年提高 20% 左右，单位国内生产总值能耗和用水量分别下降 13.5% 和 16% 左右，再生有色金属产量达到 2000 万吨，其中 1150 万吨再生铝[31]。再生铝行业将进入快速发展阶段。2022 年，我国再生铝行业进一步升级产品结构，从初级和中级产品向高端和终端产品转型。同时，我国可回收铝行业也将面临产能扩张与废铝资源供应短缺的矛盾。

在"双碳"背景下，预计铝供需紧张格局将进一步扩大，铝价或将保持高位，并具有进一步增长潜力。铝可以被回收或进入一个数量和价格上涨的时期。新型城镇化建设的逐步深化、新能源汽车的推广、轻量化进程、"一带一路"建设及新能源产业的逐步发展，将推动铝材料需求保持高增长率，铝材料可回收或将成为未来的主要供应增量。

发展可回收铝产业可以解决我国铝产业的危机，这符合当前世界铝产业发展的趋势，也符合我国可持续发展和科学发展观相关政策的需要。因此，我国铝产业结构急需提高可回收铝产业的发展比例[32]。到 2024 年，我国原铝产量将呈现增长趋势，在此之后，可回收铝将开始在进入平台期的消费中占据更高的份额。预计从 2025 年到 2030 年，我国原铝行业的排放量将减少 25.9%，因为可回收铝精炼厂寻求减少对煤炭的依赖，并且回收铝利用更清洁的电力来源。

4.1.2 再生铝熔炼工艺特点

再生铝的主要原料是二次铝，包括各种材料，如二次铝铸件（主要是铝硅合金）、二次铝锻件（铝镁锰、铝铜锰等合金）、型材（铝锰、铝镁等合金）和以纯铝为主的废电缆。有时，一些非铝合金废料（如锌、铅合金等）混入其中，增加了制备再生铝的难度。如何将这种复杂的原料制备成稳定的再生铝锭是再生铝生产中的一个关键问题。因此，再生铝生产过程的第一步是二次铝的分选和分类过程。分选越精细，分类越精确，就越容易实现再生铝的化学成分控制。

二次铝部件通常具有许多镶嵌件，这些镶嵌件主要是由钢或铜合金制成的非铝部件。如果在冶炼过程中不及时去除，会导致回收铝成分中添加一些不必要的成分（如 Fe、Cu 等）。因此，在再生铝冶炼的早期，当二次铝刚刚熔化时，必须有一个去除镶嵌物的过程（俗称扒铁工序）。二次铝零件中的镶嵌物去除得越及时、越干净，就越容易控制回收铝的化学成分。扒铁时，熔融液体的温度不应过高。温度升高会导致镶嵌物中的 Fe 和 Cu 元素溶解在铝液中[33]。

由于各种原因，不同地区收集的二次铝材料表面不可避免地会被污垢污染，其中一些被严重腐蚀。这些污垢和腐蚀表面在二次铝熔炼过程中会进入熔池，形成有害的渣相和氧化物夹杂物，严重影响再生铝的冶金质量。因此，去除这些渣相和氧化物夹杂物也是再生铝冶炼过程中的关键工序之一。在工业上，通常使用多级纯化，包括首先进行粗纯化，调整成分；然后进行二次稀土精炼；最后吹入惰性气体，进一步增强精炼效果，可以有效去除铝熔体中的杂质。

二次铝材料表面的油污和吸附的水分使铝熔体中含有大量的气体，不能有效地去除这些气体大大降低了冶金质量。加强再生铝生产中的脱气工艺，降低再生铝的气体含量，是获得优质再生铝的重要措施。

4.2 再生铝原材料组成及预处理

4.2.1 不同形态的二次铝

目前，我国再生铝厂利用的二次铝主要来自两个来源：一个来源是从国外进口二次铝；另一个来源是国内生产二次铝。近年来，我国从国外进口了大量的二次铝。从进口二次铝的成分来看，除少数分类明确外，大部分为混合型。一般可分为以下几类。

（1）单一品种的废铝。这种类型的废铝通常是某种类型的废弃部件，如汽车变速箱壳体、汽车轮毂、内燃机活塞、前后安全塞和铝门窗等。这些废铝在进口时分类明确，品种单一，均为散装进口，是优质的再生铝原料。

（2）二次铝切片。二次铝切片又称切片，是一种高档的二次铝。之所以称之为切片，是因为许多发达国家和地区使用机械破碎方法将废旧汽车、设备和各种家用电器破碎成小块，然后进行机械分拣。分选后的废铝称为废铝切片。此外，回收部门还使用破碎法将一些体积较大的废铝部件破碎成小块，也称为废铝片。废铝片运输方便，易于分拣，质地相对纯净，是一种优质的废铝材料。目前，在国际废铝贸易市场上，切片占比最大，各类切片正朝着标准化方向发展。就切片的组成而言，它们通常分为几个等级。高级切片是各种废铝及其合金的相对纯的混合物，绝大多数可以在熔炉中熔化，而无须任何处理。少量低级切片含有不同量的其他杂质，通常含有（质量分数）80%~90%的废铝。杂质主要是再生钢、二次铜等有色金属，以及少量废橡胶，经过人工筛选，得到纯废铝材。废铝屑的冶炼也相对容易，冶炼时入炉方便，杂质去除容易，熔剂消耗低，金属回收率高，能耗低，加工成本低。它在用户中非常受欢迎，通常大型回收铝厂使用切片作为主要原材料。

高品质的废铝片比其他废铝片更贵，适合大型现代企业使用，在国际市场上难以采购。因此，除了独资企业或合资企业自己进口外，我国的回收铝厂通常很少使用这种二次材料。

（3）混杂的废铝料。这种类型的二次铝具有复杂的成分和不同的物理形状。除了二次铝，它还含有一定量的再生钢、废铅、废锌等金属，以及废橡胶、废木材、废塑料、石头等。有时一些废铝与再生钢机械结合在一起。这类废物成分复杂，少量废铝块径大，表面清晰，易于分类。这类废物在冶炼前必须经过预分类处理，包括人工挑选回收的钢铁和其他杂质。

（4）燃烧后的含铝碎铝料。这类铝材是一种较低级别的含铝废料，主要由各种废旧家电和其他破碎材料组成。在分拣出一部分再生钢后，将其燃烧形成材料。燃烧的目的是去除可燃物质，如废橡胶和塑料。这类含铝废物的铝含量（质量分数）通常为 40%~60%，而其余主要是次要材料（砖和石头）、再生钢和极少量的有色金属，如铜（铜线）。铝的块尺寸通常在 10cm 以下。在燃烧过程中，一些铝和锌、铅、锡等低熔点物质熔化，形成肉眼难以分辨、无法分选的表面玻璃状物质。

（5）混杂的碎废铝料。这类废料是级别最低的废铝，成分非常复杂，含有（质量分数）40%~50%的各种废铝。其余为再生钢、少量铅和铜、大量二次材料、石头、二次塑料、废纸等。土壤（质量分数）约占 25%，再生钢（质量分数）占 10%~20%，石头占 3%~5%。

4.2.2 不同来源的二次铝

我国回收的二次铝大多为纯铝，几乎不含杂质（除人为掺杂外），基本可分为废熟铝、废生铝和废合金铝三类。废原铝主要由废铸铝和废合金铝组成。其中大部分是废旧机械零部件（如废旧汽车零部件、废旧模具、废旧铸铝锅、内燃机活塞等）。废旧熟铝一般是指铝含量（质量分数）超过 99%的废旧铝（如废旧电缆、废旧家电、水瓶等）按生产部门划分，可分为生活废铝和工业废铝。

生产企业产生的废铝通常称为新废料，主要包括铝及其合金废料、铝屑和机械加工系统产生的废品；铝及其合金生产过程中产生的废铝，以及铝材加工过程中产生废料和废铝；电缆厂的废铝电缆，以及铸造行业的浇口和铸件，除了油性废料外，都是高级二次铝材料。如果能够在企业产生废物时对其进行明确的分类和储存，则其利用价值很高。

日常生活领域产生的二次铝包括废旧家电、水壶、铸铝锅碗瓢盆、废旧家电中的二次铝制零件、废旧电线、废旧包装材料，以及废旧机电设备中的废旧机械零部件铝及其合金（如废旧内燃机活塞、废旧电缆、废旧汽车零部件、废旧飞机铝、废旧模具、二次铝管等）。

在铝和铝合金冶炼的生长过程中产生的浮渣通常被称为铝灰。只要有熔融的铝，就会产生铝灰。例如，在生产、冶炼、加工和二次铝再生过程中，特别是在二次铝的再生冶炼过程中，会产生大量的铝灰。二次铝成分复杂，杂质越多，表面污染越严重，铝灰就越多。铝灰中的铝含量与所选的覆盖剂和冶炼工艺有关，一般铝含量（质量分数）在10%以下，最高可达20%以上。

4.2.3 二次铝的组成特点

二次铝的主要来源是再生材料、工业废料和铸造浇注系统，它的成分比较复杂。在大多数情况下，它含有大量的外来杂质（如塑料物质、水分等）。如果在熔化过程之前不清理这些物质，就会导致合金熔体中严重的气体吸收，导致在随后的凝固过程中出现气孔和缩松等缺陷。此外，一些非铝金属的混合也会导致材料成分不合格，性能恶化。各种非金属矿物的混合会导致非金属夹杂物，这也会导致材料的性能和质量下降。由于这一特点，再生铝生产过程中的第一个重要步骤是对二次铝进行预处理，以尽可能地净化原材料，并最大限度地减少对再生铝质量不利的因素。

4.2.4 二次铝的预处理

二次铝的成分复杂，以二次铝为主要原料进行合金二次加工需要对原料进行适当的预处理。理论上，所有杂质都应该完全去除，但在实际的工业过程中，考虑到成本因素，只能去除主要杂质。通常的处理原则如下：原材料的分类以其成分为基础，类似于某一等级铝合金的成分[34]；根据需要对分类后的铝合金废料进行拆解，以去除较大的有机杂质或非铝金属；必要的原材料清洗，包括用纯水或有机溶剂清洗、喷砂等。上述加工的二次铝可作为合金熔炼的基本原材料。

二次铝预处理主要有四个目的：第一个目的是去除二次铝中混入的其他金属和杂质；第二个目的是根据二次铝的成分对二次铝进行分类，以最大限度地利用其合金成分；第三个目的是去除二次铝表面的油污、氧化物和涂层，预处理的最终结果是将二次铝处理成符合炉子条件的炉子材料；第四个目的是最经济合理地利用含铝废物中的铝（包括氧化铝）。

我国的二次铝预处理技术仍然非常简单和落后，即使在大型再生铝厂，也没有更先进的二次铝预处理技术。目前主要使用以下预处理技术。

（1）品种单一或基本上没有其他杂质的二次铝通常不经过复杂的预处理，而是根据废物的类型和成分进行分类和单独堆放。当使用单一品种的二次铝时，只要随机检查和测试一种成分，就可以知道批次组成。这种二次铝是一种优质的再生铝原料，通常可以在熔炉中熔化，无须任何预处理。在熔化某种合金时，往往会将成分和品种相应的二次铝直接加入大型反射炉中进行熔化，很容易熔化成相应等级的铝合金。一些具有高铜和锌含量的二次铝合金也可以用作调节成分的中间合金。在使用小型反射炉或坩埚炉的企业中，需将大量的二次铝破碎成符合炉规格的块。

（2）对于高级二次铝片，主要成分包括铸造铝合金、合金铝、纯铝等。前两项的等级众多，目前很难按等级进行分类。在大型再生铝厂中，它们通常只经过筛选以去除混合土壤，混合土壤在熔炉中直接熔化。对于小型再生铝厂，这种二次铝需要手动分为铸造铝合金、合金铝和纯铝，然后单独使用。

（3）对于低级切片和燃烧的二次铝材料（通常不用于大型再生铝厂），需要复杂的分拣。由于其成分复杂，除二次铝外，这种二次铝还含有二次铜、再生钢、废铅等金属二次材料。这类废物的分类主要依靠体力劳动。首先，对土壤和二次材料进行筛选，然后人工分拣。人工分拣大多在操作平台上进行，主要依靠工人的目视检查和经验。首先对非金属废物进行分类，然后对二次金属进行分类。其中，二次铜和废旧纯铝的选择尤为谨慎。由于二次铜可以提高产值，纯铝废料（如二次铝线）是再生熔炼中成分调整的优良原料。分离出的二次铝是混合的，通常不再细分。

目前，我国二次铝预处理尚未实现机械化和自动化，主要依靠人工，使用的工具是磁铁和钢锉刀。根据经验，这种分拣方法效率低、质量差、成本高。此外，大多数有色金属（如二次铝中的铜）都被污染了，这使得手工分拣变得困难和落后。迫切需要研究先进的二次铝预处理技术。

4.2.5　先进二次铝预处理技术

先进的二次铝预处理技术的目的是实现二次铝分选的机械化和自动化，最大限度地去除金属和非金属杂质，并根据合金成分对二次铝进行有效分类。最理想的分选方法是根据主要合金成分将二次铝分为几个类别，如合金铝、铝镁合金、铝铜合金、铝锌合金、铝硅合金等[35]。这样可以降低冶炼过程中除杂技术和成分调整的难度，综合利用二次铝中的合金成分。特别是锌、铜、镁含量高的二次铝，其必须单独储存，并且可以用作调整铝合金熔炼成分的中间合金原料。

目前，先进的二次铝预处理技术主要包括风选法分离废纸、塑料垃圾和灰尘。各种类型的二次铝或多或少含有废纸、废塑料膜和灰尘，理想的工艺是空气分离。空气分离过程简单，可以有效地分离大部分轻质废物。然而，使用空气分离需要良好的灰尘收集系统，以避免灰尘污染环境。研磨后的废纸和废塑料薄膜通常不适合进一步分离，可以用作燃料。

使用磁选设备分离回收钢等磁性废料。铁是铝及其合金中的有害物质,对铝合金的力学性能影响最大。因此,有必要在预处理过程中最大限度地分离出杂铝中的再生钢[36]。用于二次铝切片和低品位二次铝材料,分离再生钢的理想技术是磁选。这种方法在国外已被广泛采用,磁选设备相对简单。磁源来自电磁铁或永磁体,并且有各种工艺设计,更容易实现的方法是传送带的交叉方法。传送带上的二次铝水平移动,当它进入磁场时,再生钢被吸入并离开水平带,立即被纵向带走。运行中的纵向带离开磁场后,再生钢失去重力,自动降落并集中。磁选法工艺简单,投资低,易于采用。采用磁选法处理的二次铝材料的体积不宜过大。一般来说,切片和铝废料是合适的,大块的废料在进入磁选过程之前需要粉碎。

通过磁选分离的再生钢需要进一步加工,因为一些再生钢装置将主要由铝组成的有色金属零件机械结合在一起,这些零件很难分离,如螺母、电线、钥匙、管道零件、小齿轮等。有必要对这一部分进行分拣,因为分拣后的有色金属可以增加其价值,提高再生钢的品位,但分拣困难,通常使用手动拆卸和分拣,但效率低。为了提高生产效率,对分拣出来的难以拆卸的铝钢复合材料零件,最有效的处理方法是在专用熔炼炉中加热,使铝熔化,刮掉再生钢。

以水为介质的浮选法可用于分离轻质杂质,如混入二次铝中的废塑料、废木材、废橡胶和其他轻质材料。该方法的主要设备为螺旋推进器,二次铝由螺旋推进器推出。在整个过程中,空气分离过程中残留的大部分可溶性物质(如土壤和灰尘)都溶解在水中,并被水冲走,进入沉淀池。经过多次沉淀和澄清后,污水返回进行循环利用,并定期清除污泥。这种方法可以完全分离比重较小的轻物质,是一种简便易行的方法。

从二次铝中分离铜等重有色金属的技术。二次铝中的铜等重有色金属大多被油污污染,难以使用手动分选方法从废物中分离出重有色金属。采用抛物线选矿法可以有效地分离出这些重有色金属。这种方法利用了体积相似的物体在相同的力抛出时有不同着陆点的原理,可以分离出二次铝中密度不同的各种非有色金属。当使用相同的力沿着一条直线射出密度不同但体积基本相同的物体时,各种物体沿抛物线方向移动,在地面上有不同的着陆点。最简单的实验可以在水平传送带上进行。当混合废料沿着输送带高速运行并到达终点时,二次铝会直线抛出。由于各种物质的重力不同,它们降落在不同的地点以达到分拣的目的。这种方法可以均匀地分离二次铝、二次铜和其他废料。基于这一原理设计的设备在国外已经被采用。

二次铝表面涂层的预处理。许多二次铝的表面都涂有油漆和其他保护层,尤其是二次铝包装容器。数量最多的二次铝包装容器是废弃的饮料罐和牙膏皮。在小型冶炼厂,这些废物通常在没有任何预处理的情况下直接熔化,油漆在熔化过程中被烧掉。但这些废料都是薄壁的，在燃烧过程中，油漆会氧化一些铝，并增加铝中的杂质和气泡。先进的再生铝工艺通常需要在熔化前进行预处理以去除涂层，主要使用干法和湿法。湿法包括将二次铝浸泡在某种溶剂中，导致油漆层剥落或被溶剂溶解。这种方法的缺点是它有大量的废液并且难以处理，通常不适合使用。干法为火法，一般采用回转窑焙烧法。

焙烧法的主要设备是回转窑，回转窑最大的优点是热效率高，便于二次铝与碳化物的分离。焙烧的热源来自加热炉的热空气和二次铝漆层碳化过程中产生的热量。生产过程中，回转窑以一定的速度旋转，二次铝表面的漆层在一定的温度下逐渐碳化。由于回转窑的旋转，材料相互碰撞和振动，最终碳化材料从二次铝上脱落。一些掉落的碳化物被收集在回转窑的一端，一些被回收到除尘器中。

二次铝的预处理是二次铝回收过程的重要组成部分。随着再生铝技术水平的提高，预处理技术将变得越来越重要。再生铝技术中预处理技术的发展方向是将非铝物质与二次铝及其合金完全分离，根据合金牌号对二次铝进行有效分类，实现二次铝最有效的综合利用。

4.3　再生铝的熔炼

4.3.1　熔炼的目的

金属合金熔炼的基本任务是将一定比例的金属炉料放入炉中，加热熔化，得到熔体，然后调整熔化熔体的成分，得到符合要求的合金液。熔炼过程中应采取相应措施，控制气体和氧化物夹杂物的含量，使规定的成分（包括主要成分或杂质元素的含量）符合要求，并确保铸件获得具有适当结构的优质合金液（晶粒细化）。由于铝元素的特性，铝合金有很强的产生孔隙的倾向，也容易形成氧化物夹杂物。因此，防止和去除气体和氧化物夹杂物已成为铝合金熔炼过程中最突出的问题。为了获得高质量的铝合金液，必须严格控制熔化过程，并采取措施从各个方面进行控制。

4.3.2　熔炼工艺

铝合金熔炼过程为：装炉→熔化（加铜、锌、硅等）→扒渣→加镁、铍等→搅拌→取样→调整成分→搅拌→精炼→扒渣→转炉→精炼变质及静置→铸造。

正确的加料方法对于减少金属燃烧损失和缩短熔化时间非常重要。对于反射炉，在炉底铺设一层铝锭，在压制铝锭之前放置容易燃烧的材料。回炉材料的较低熔点被加载到上层，使其最早熔化。流动的材料覆盖了下面容易燃烧的材料，从而减少了燃烧损失。各类炉料应均匀平坦分布[37]。

熔化过程和熔化速度对铝锭的质量有很大影响。当加热炉料使其软化时，应适当覆盖焊剂。在熔化过程中，应注意防止过热。待炉料的熔融液位水平后，应适当搅拌熔体，以确保温度一致，这也有利于加速熔融。长的熔化时间不仅降低了熔炉的生产效率，而且增加了熔体中的气体含量。因此，当熔化时间过长时，应进行熔体的二次精炼。

当所有的炉子材料都熔化到熔化温度时，炉渣就可以被去除。除渣前，应先撒上粉状熔剂（对于高镁合金，应撒上无钠熔剂）。除渣应尽可能彻底，因为浮渣的存在很容易污染金属并增加熔体中的气体含量。去除熔渣后，可以在熔体中加入镁锭，并添加熔剂覆盖。对于高镁合金，应添加（质量分数）0.002% ~ 0.02%的铍，以防止镁燃烧损失。铍可以从氟化铍钠中通过金属还原获得，铍氟酸钠应与熔剂混合加入。

取样前和调整成分后应有足够的时间进行搅拌，搅拌均匀不会损坏熔体表面的氧化膜。熔体充分搅拌后，应立即取样进行炉内分析。当成分不符合标准要求时，应补充或稀释。调整成分后，当熔体温度达到要求时，清除表面浮渣，启动转炉。提纯和变质方法因变质成分而异。

4.3.2.1 成分调整

在熔化过程中，金属中的每种元素都会由于自身的氧化而减少。它们受到的氧化程度不仅与它们对氧的亲和力有关，还与诸如液体合金中元素的浓度（活性）、氧化物形成的性质及它们暴露的温度等因素有关。一般来说，氧亲和力高的元素损失更多，而铝、镁、硼、钛和锆的氧亲和力强；其次是碳、硅、锰等；铁、钴、镍、铜和铅相对较弱。因此，冶炼合金中亲氧性强的元素会被"优先氧化"，造成过度损失；相反，对氧亲和力较弱的元素可以得到相对"保护"，损失更少。

熔化后，合金化学成分中的一种元素的含量由于氧化损失而增加或减少，氧化损失应由元素和基底金属元素之间的相对损失决定。损失相对较高的元素含量会减少，称为燃烧损失；损失相对较低的元素含量会增加，这可以称为燃烧增加。为了正确控制熔体的化学成分，在选择金属炉材料时，应考虑熔化后的变化，并在每种元素的添加量上进行相应的补偿。

在实际熔炼中，合金中元素的燃烧损失程度还受到原料质量、熔剂和炉渣质量、操作技术，特别是所产生氧化物的性质的影响。

4.3.2.2 熔炼过程中气体和氧化物的防止

如前所述，铝液中气体和氧化物夹杂物的主要来源是水，它是从搅拌到铝液中的表面氧化膜、炉料（尤其是被湿气腐蚀的材料）的表面、熔化和浇注工具及精炼和变质剂带入铝液中的。混合在铝液和夹杂物较多的低品位炉料（如飞溅的炉渣和破碎的重熔锭）中的氧化膜会在铝液中形成氧化物夹杂物。因此，在熔化和浇铸过程中应注意以下几点。

（1）坩埚和熔化浇注工具。使用前，应仔细清除附着在表面的铁锈、氧化渣和旧油漆层等污垢，然后再涂上新油漆。使用前应进行预热和干燥。熔化和浇注工具以及输送铝液的坩埚在使用前应充分预热。

（2）炉料。炉料在使用前应存放在干燥的地方。如果炉料已被湿气腐蚀，则应在配料前进行吹砂，以去除表面腐蚀层。回收材料的表面经常黏附在沙子（SiO_2）上，一些 SiO_2 和铝液体会发生的反应为：

$$4Al + 3SiO_2 \longrightarrow 2Al_2O_3 + 3Si$$

生成的 Al_2O_3 和剩余的 SiO_2 在铝液中形成氧化物夹杂物，因此在添加此类材料之前，它们也应在吹砂后使用。由切屑、溅渣等重熔铸成锭的三级回炉料中通常含有大量的氧化物、夹杂物和气体。因此，应严格限制其用途，一般不超过炉料总量（质量分数）的 15%，不应用于重要铸件。炉料的表面也应该没有油渍、切削冷却剂和其他物质，因为各种油和脂肪都是具有复杂结构的碳氢化合物，加热时氢会带入其中。加入铝液时，炉料必须预热至 150~180℃。预热的目的是确保安全，防止铝液遇到冷凝在冷炉材料表面的水而引发爆炸事故；另一方面，这是为了防止气体和夹杂物引入铝液体中。

（3）精炼剂、洗涤剂。它们中的一些容易吸收大气中的水分并潮解，而一些则含有结晶水。因此，在使用前应经充分烘干，某些物质如 $ZnCl_2$ 则需经重熔去水分后方能使用。

（4）熔化、浇注过程的操作。铝液的熔化和搅拌应平稳，尽可能不要将表面氧化膜和空气搅拌到铝液中。铝液体的转移次数应尽可能减少，并且在转移过程中应减少液体流动和飞溅的液滴高度。浇注时，浇注喷嘴应尽可能靠近浇注杯，以降低液流的下落高度，浇注应以均匀的速度进行，以最大限度地减少铝液的飞溅和涡流。浇注完铸件后，勺子中剩余的铝液不应倒回坩埚并倒入钢锭模中，否则会逐渐增加铝液中的氧化物夹杂物。由于坩埚底部 50~100mm 深度的铝液中沉积有大量 Al_2O_3 等夹杂物，因此不能用于铸造。

（5）熔炼温度、熔炼及浇注过程的持续时间。升高温度会加速铝液与 H_2O、O_2 的反应，氢在铝液中的溶解度也随着熔融温度的升高而急剧增加。当温度高于 900℃时，铝液的表面氧化膜变得不那么致密，这显著加剧了上述反应。因此，大多数铝合金的熔化温度一般不超过 760℃。对于铝液表面有疏松氧化保护膜的铝镁合金，铝液与 H_2O、O_2 的反应对温度上升更敏感，因此铝镁合金的熔化温度限制更严格（一般不超过 700℃）。

熔化和浇注过程的持续时间越长（尤其是精炼和浇注完成之间的时间），铝液中气体和氧化物夹杂物的含量就越高。因此，应尽可能缩短熔炼和浇注的持续时间，尤其是从精炼到浇注完成的时间。一般情况下，工厂要求在精炼后 2h 内完成浇注。如果浇注无法完成，则应重新精炼。在潮湿的天气区域和需要高针状孔隙率的铸件或容易出现孔隙率和夹杂物的合金中，浇注时间应限制在更短的时间内。

4.4 再生铝组织控制与变质处理

4.4.1 亚共晶和共晶型铝硅合金的变质处理

铝硅合金共晶体中的硅相在自发生长条件下会长成片状，甚至出现粗大的多角形板状硅相。这些形态的硅相将严重地割裂 Al 基体，在 Si 相的尖端和棱角处引起应力集中，合金容易沿晶粒的边界处，或者板状 Si 本身开裂而形成裂纹。为了改变硅的存在状态，提高合金的力学性能，一般采用变质处理技术[38]。

对共晶硅有变质效果的元素有钠（Na）、锶（Sr）、硫（S）、镧（La）、铈（Ce）、锑（Sb）、碲（Te）等。目前研究主要集中在钠、锶、稀土等几种变质剂上[39]。

4.4.1.1 钠变质

钠是最早也是最有效的共晶硅变质元素，可通过金属钠、钠盐和碳酸钠三种方式添加。使用的初始变质剂是金属钠，钠的变质效果最好，有效地细化了共晶结构。通过加入少量 [（质量分数）0.005% ~ 0.01%]，共晶硅相可以从针状转变为完全均匀的纤维状。然而，使用金属 Na 进行变质存在一些缺点。首先，变质温度为 740℃，接近钠的沸点（892℃）。因此，铝液容易沸腾和飞溅，这促进了铝液的氧化和吸气，使得操作不安全。其次，钠的相对密度较小（0.97），在变质过程中积累在铝液的表层，导致铝液上层变质过多，底部变质不足，变质效果极不稳定。同时，钠极易与水汽反应生成氢气，增加铝液的含气量。钠化学性质非常活泼，在空气中极易和氧气等反应，一般要浸泡在煤油中保存，在使用前必须除去煤油，这也是一件难度很大的事情，但不除去又会给铝液中带入气体和夹杂[40]。

钠盐生产中常用的变质剂是一种含有 NaF 等卤素的混合物，它利用钠盐和铝反应产生钠来发挥变质作用。但这些钠盐很容易被携带到水蒸气中，这增加了合金吸入和氧化的趋势。这些钠盐对环境有腐蚀作用，对身体健康有害。同时，也可以使用碳酸钠进行变质，它是一种无污染的变质剂，旨在克服使用上述钠盐变质的环境问题。也就是说，碳酸钠在高温下与铝和镁反应生成钠，并起到变质作用[41]。该反应过程和反应产物是无毒的。同样，这种类型的无污染变质剂也存在增加铝合金吸收水并将其氧化的趋势的问题。

当使用钠进行变质时，另一个不可忽视的缺点是变质效果的维持时间短，这是一种不持久的变质剂。钠盐变质剂的有效期仅为 30~60min。经过这段时间后，变质效果自行消失，温度越高，失效越快。因此，要求变质后的铝液必须在短时间内用完，并且必须在重熔过程中重新变质。此外，钠变质过程的精确控制是困难的。因此，在许多情况下，钠变质正逐渐被一些长期的变质方法所取代。

4.4.1.2　锶变质

锶是一种长效变质剂，其变质效果与钠类似，不存在钠变质的缺点，是一种很有前途的变质剂[42]。英国、荷兰等国自 20 世纪 80 年代初开始推广锶变质方法的应用。目前，国内外对锶变质作用的研究已经很多，我国用锶代替钠或钠盐的规模也在扩大。锶变质具有以下优点：

(1) 变质效果好，有效期长；

(2) 变质作业时，无烟无毒，不污染环境，不腐蚀设备和工具，不危害健康，操作方便；

(3) 易于获得令人满意的机械性能；

(4) 返料具有一定的重熔变质作用；

(5) 铸件成品率高，综合经济效益显著。

然而实践表明，变质合金易于收缩和孔隙率，这增加了铸件的针状孔隙率，降低了合金的密度，并导致机械性能下降。

4.4.1.3　锑变质

锑能使共晶硅由针状转变为层状。获得层状结构的最佳添加（质量分数）范围通常为 0.15%~0.2%。其变质效果不如钠和锶。添加锑进行变质的一个突出优点是变质时间长（超过 8h）。锑的熔点为 630.5℃，密度为 6.68g/cm³。因此，控制锑含量相对容易，不容易造成变质作用不足或过度，也不增加铝液吸收和氧化夹杂物的倾向[43]。然而，其变质作用很大程度上受冷却速度的影响，这对冷却速度更快的金属模具和铸件有很好的变质作用。然而，它对缓冷厚壁砂型铸件的变质作用并不明显，因此在一定程度上限制了它的使用。

4.4.1.4　碲变质

碲是国内开发的一种变质剂，其变质效果与锑变质相似。它的作用是以片状分支的方式促进硅的细化，而不是变成纤维状，但它的变质效果比锑更强。其变质作用具有长期作用，变质或重熔 8h 后效果不变。同样，其变质效果也受到冷却速率的很大影响。

4.4.1.5　钡变质

钡对共晶硅具有良好的变质作用。与钠、锶和锑相比，钡的变质作用相对持久，添加量范围广。添加（质量分数）0.017%~0.2%的钡可以获得良好的变质结构。添加钡后，合金的抗拉强度显著提高，连续重熔后仍能保持变质效果。变质效果令人满意。钡变质的缺点是对铸件壁厚高度敏感，对厚壁铸件的变质效果较差。为了达到良好的变质效果，快速冷却是必要的。同时，钡对氯化物敏感，通常不需要氯气或氯化物盐进行精炼。

4.4.1.6 稀土变质

德国是稀土较早用于铝和铝合金的国家。早在第一次世界大战时，德国就成功使用了含稀土的铝合金[44]。稀土元素可以达到类似于钠和锶的变质效果，可以将共晶硅从薄片转变为短棒和短球，提高合金的性能。此外，稀土的变质作用具有相对长期的效果和重熔稳定性，其变质效果可维持 5~7h。有人对镧（La）的变质寿命进行了测试，发现含（质量分数）0.056%镧的变质合金经过 10 次反复熔炼固化后仍有变质作用[45]。稀土元素由于其活性化学性质，易于与 O_2、N_2、H_2 等反应，从而起到脱氢、脱氧和除垢的作用，从而净化铝液。

总之，稀土元素在铝硅合金中具有精炼和变质的双重作用，这种变质作用具有相当的长期有效性和重熔稳定性。稀土元素的加入提高了合金的流动性，改善了合金的铸造性能，优化了合金的内部质量。另一个最大的优点是添加稀土不会产生烟雾，不会对环境造成污染，符合时代的需要。

4.4.2 变质剂的选择

目前，铝合金铸造生产中使用最广泛的变质剂是钠盐，其是由钠和钾的卤盐组成。这种变质剂使用可靠，效果稳定。在变质剂的组成中，氟化钠可以起到变质作用。在与铝液体接触后发生的反应为：

$$3NaF + Al \longrightarrow AlF_3 + 3Na$$

反应产生的钠进入铝液，起到变质作用。由于 NaF 的熔点较高（992℃），为了降低变质温度，减少铝液在高温下的吸附和氧化，变质剂中可以加入了 NaCl 和 KCl。加入由一定量的 NaCl 和 KCl 组成的三元变质剂，熔点低于 800℃。在一般的变质温度下处于熔融状态，有利于变质的进行，提高变质的速度和效果。此外，处于熔融状态的变质剂易于在液体表面形成连续的覆盖层，提高了变质剂的覆盖效果。因此，NaCl 和 KCl 也被称为助熔剂。

一些变质剂中加入一定量的冰晶石（Na_3AlF_6），具有变质、精炼和覆盖的作用，一般称为通用变质剂。这种变质剂通常用于浇注重要铸件或用于高冶金质量要求的铝液。在生产中，变质过程通常在精炼后和浇注前进行。变质温度应略高于浇注温度，变质剂的熔点最好在变质温度和浇注温度之间，这样变质剂在变质过程中处于液态，变质后可以浇注，避免储存时间过长，造成变质失效。此外，在变质处理完成后，变质的炉渣已变成非常厚的固体。这些炉渣易于去除，不会导致残留的焊剂倒入模具中，形成焊剂夹杂物。

在选择变质剂时，通常根据所需的浇注温度来确定变质剂的熔点和温度，然后可以根据所选的变质剂熔点来选择合适的变质组分。

4.4.3　变质工艺因素的影响

影响变质过程的主要因素有变质温度、变质时间、变质剂的种类和用量[46]。

较高的温度有利于变质反应，比如钠的回收率较高，变质速度快，效果好。但变质温度不宜过高，否则会急剧增加铝液的氧化和吸力，增加铝液中的铁杂质，降低坩埚的使用寿命。一般来说，变质的适宜温度应略高于浇注温度。这样避免了变质温度过高，减少了变质后温度调节的时间，有利于提高变质效果和铝液的冶金质量。

变质温度越高，铝液与变质剂之间的接触越好，所需的变质时间就越短。变质时间应根据具体情况和实验确定。如果变质时间太短，变质反应将无法完全进行；如果变质时间过长，会增加变质剂的燃烧损失，增加合金的气体吸收和氧化。变质时间由两部分组成：变质剂的覆盖时间一般为 $10 \sim 15min$，压入时间一般为 $2 \sim 3min$。

应根据合金类型、铸造工艺和微观结构控制的具体要求选择合适的变质剂类型和用量。选用无毒、无污染、长效的变质剂是当前铝合金熔炼工艺的发展方向。在生产实践中，应考虑变质剂的反应可能不完全，因此变质剂用量不宜过小，否则变质效果不佳。但是，变质剂的用量不应过大，否则可能会发生过度变质。因此，变质剂的量通常设定为炉料质量的 $1\% \sim 3\%$。在生产中，添加到 2% 通常足以确保良好的变质效果。对于金属模铸件，可以适当减少变质剂的用量。在使用通用变质剂时，除了考虑变质效果外，还需要考虑对该变质剂的覆盖率和精制能力的要求。通常，变质剂的用量为铝液质量的 $2\% \sim 3\%$。

变质处理前应进行炉前检查。倒入样品，冷却并敲开，根据断裂面的形状确定变质效应。如果变质不足，晶粒尺寸将变粗，断裂表面将变灰和变暗，可见有光泽的硅晶粒；如果变质正常，晶粒度相对较细，断口呈白色丝绒状，不存在硅晶粒亮点；如果变质过多，晶粒尺寸也会变粗，断裂表面呈现蓝灰色，带有明亮的硅晶点。

4.4.4　过共晶铝硅合金变质处理

由于硅含量高，过共晶铝硅合金降低了其热膨胀系数，提高了耐磨性，因此适用于内燃机活塞等耐磨零件。过共晶铝硅合金的显微组织中存在板状初晶硅和针状共晶硅[47]。初晶硅作为一种硬点，可以提高合金的耐磨性，但由于其硬脆，这对合金的机械性能有害，并且使合金的切削性能劣化。因此，过共晶铝硅合金中的共晶硅和初晶硅都需要进行变质处理[48]。长期以来，人们对初晶硅的细化进行了深入的研究，采用超声波振动结晶法、快速冷却法、过热熔炼法、低温铸造法等都能取得一定的效果，但工业上效果最稳定和最有使用价值的还是加入变质剂[49]。

目前，用于生产的实际变质剂是磷元素。红磷是最早使用的，当添加量为合金质量的 0.5% 时，可以精炼初晶硅。然而，由于磷的燃点低（240℃），运输不安全。当它变质时，磷会剧烈燃烧，产生大量烟雾，污染空气，还会使铝液吸收更多的气体。因此，磷经常与其他化合物混合使用。目前工业上常用的方法是添加 Cu-P 中间合金。中间合金的磷含量（质量分数）通常为 8%~10%。添加量（质量分数）为 0.5%~0.8%[50]。

关于磷对铝硅合金的变质机理，一般认为磷与铝在合金液中形成大量的高熔点铝磷颗粒。铝磷和硅相的晶体结构相似，晶格常数相似。铝磷属于闪锌矿型结构，硅晶体的晶格常数 $a = 5.451$，熔点 1060℃，晶格常数 $a = 5.428$，铝磷与硅之间的最小原子距离也非常相似，硅为 2.44，铝磷为 2.56。铝磷可以作为原硅的非自发核，从而对原硅进行精炼。

5 铜的循环利用

二次铜根据其来源可分为两类：一类是新的二次铜，它是铜工业生产过程中产生的废物，冶金厂的名称是本厂废铜或周转废铜，铜加工厂产生的二次铜废料和直接返回供应厂的废料被称为工业废铜或新废铜；另一类是旧的二次铜，这是一种使用后被丢弃的物品，如从旧建筑和交通系统中丢弃或拆除的物品，称为旧的废铜[51]。无论是暴露在外还是包裹在最终产品中，铜和铜基材料都可以在产品生命周期的各个阶段进行回收和再生。一般来说，新的二次铜占用于回收的二次铜量的一半以上。再加工后，大约 1/3 的废铜以精炼铜的形式返回市场，而另外 2/3 以未精炼铜或铜合金的形式重新使用。

5.1 再生铜的现状、来源及分类

5.1.1 我国可循环利用铜产业现状

铜是一种可以回收利用的有色金属。因此，在铜产业链的终端消费中，也出现了二次铜回收企业、二次铜拆解厂、二次铜材加工企业。通过回收再利用，二次铜被送回铜产业链的中间和初端消费里面。二次铜主要用于冶炼和精炼，其生产的铜产品随后应用于铜线厂等。然而，二次铜也可以直接应用于铜线工厂、铸造厂和黄铜厂。铜加工制造商生产的最终铜产品将应用于建筑、电力电子、工业设备、运输和消费品等行业。铜产品在使用过程中会产生二次铜，回收后再循环使用[52]。再生铜是二次铜熔炼的产物。二次铜作为一种可循环利用的资源，不仅可以缓解目前我国铜资源短缺的状况，还可以满足当前国家节能减排和环保的要求[53]。

目前，发达国家和地区有完善的再生铜回收体系，如美国占再生铜总产量的60%，德国占 80%。我国再生铜利用水平与国外相比存在较大差距。目前，国家政策正在大力发展再生资源产业，因此我国再生铜产业仍有很大的发展空间。我国铜资源短缺，铜生产与铜冶炼生产之间的差距不断扩大，导致二次铜利用率上升。如果依靠大量进口铜精矿来满足冶炼能力的需求，我国铜工业将受到人为因素的制约。积极利用再生铜资源是缓解这一矛盾的切实可行的途径。随着市场竞争的激烈和优胜劣汰，以及通过企业并购和产业链的延伸，行业将进一步规范；随着绿色设计和绿色工艺装备的推广，产业升级速度加快。我国将从再生铜大国

转变为再生铜强国[54]。

根据我国有色金属工业协会再生金属分会的数据，2019 年，二次铜回收量为 215 万吨。2020 年，尽管受到新冠疫情影响，再生铜产量仍达到 325 万吨，占铜供应量的 32.4%。近年来，国内二次铜供应量的增加有限，主要是由于国家电网二次材料加工项目数量减少，旧机电产品拆解有限，汽车拆解低于预期。2021 年，我国再生有色金属投资继续保持稳定增长，再生铜产量为 334 万吨。再生铜的原料是二次铜。随着我国环保产业的发展，二次铜的回收利用迅速发展，二次铜的回收率持续增长。2022 年，我国再生铜产量达到了 350 万吨。

从我国国际市场二次铜回收利用情况看，二次铜进口新标准于 2020 年 7 月 1 日开始实施。符合新标准的优质二次铜将被归类为可再生资源，可以自由进口。自全面禁止进口第 7 类二次铜和将第 6 类二次铜改为限制类以来，进口二次铜结构得到优化，低品位废铜减少。目前，约 90% 的进口二次铜可以满足进口再生铜标准的铜含量要求。在我国再生铜的未来生产方面，2021 年 7 月，根据国家发展和改革委员会印发《"十四五" 循环经济发展规划》，要求到 2025 年，主要资源产出率比 2020 年提高 20% 左右，再生有色金属产量达到 2000 万吨，其中再生铜 400 万吨，再生铝 1150 万吨，回收铅 290 万吨。资源循环利用产业产值将达到 5 万亿元。

我国是铜的最大消费国，也是一个贫穷的铜国家。铜资源的供应形势十分严峻，因此，多渠道利用铜资源变得越来越紧迫。由于我国人口众多，人均铜消费量仅为 3kg 左右，与发达国家和地区有显著差异。由此可见，我国铜的消费市场需求巨大。一方面需求巨大，另一方面资源严重短缺。重视铜再生资源的回收利用是解决铜资源短缺的重要途径。发展再生铜产业具有节约投资、节约能源、节约土地、保护环境的重要意义。它符合国家产业政策，特别是循环经济和节约型社会的理念。它是一个低能耗、高效节能的产业。

近年来，二次铜进口政策日趋严格。受禁止全球废物贸易进入的政策影响，以及国内精矿冶炼产能的逐步扩大，我国二次铜进口持续下降。2021 年，二次铜免进口政策顺利实施，积极促进国内二次铜进口贸易商的进口积极性；与此同时，铜价的大幅上涨极大地激发了全球二级铜供应商的航运热情。此外，国内需求的驱动力导致产能大幅提升，加上国内二次铜供应紧张，推高了国内二次铜价，吸引了海外二次铜源的流入。2021 年，二次铜进口约 169 万吨，同比增加 75 万吨，增长 79.8%。2022 年，我国二次铜进口量达到 180 万吨，同比增长 6.5%。

经过几十年的发展，我国铜二次产业已形成以民营企业为主体、大型企业为龙头、中型企业为基础的企业结构。产业结构以直接利用二次铜为主，精炼电铜为辅。产业格局主要集中在长江三角洲、珠江三角洲和环渤海地区。形成了从回收、进口拆解到加工利用的完整产业链，有以进口废铜为主的再生铜集散地，如浙江台州、宁波、广东南海、清远、天津静海等，也有山东临沂、湖南古洛、河南长葛等国内再生中心。

5.1.2 再生铜的来源和分类

5.1.2.1 根据来源分类的二次铜

二次铜根据其生产阶段的不同可分为工业生产中产生的二次铜、加工过程中产生的新的二次铜和消费者使用再生铜三类[55]。

A 工业二次铜

工业二次铜包括不合格的阳极、阴极和钢坯、阳极废料。这些废料无法进一步加工或出售，通常会退回到以前的工序。不合格的铜通常被送回转炉或阳极炉进行电精炼，有缺陷的坯料被重熔或重铸。工业二次铜已经在不出门的情况下被回收，通常不会进入二次铜市场。

B 新二次铜

新二次铜是指在工厂内生产的新废料或产品。它与工业二次铜的主要区别在于，它可能在合金化或覆盖过程中被掺杂。新二次铜的数量与铜产品的数量相似，因为没有能够实现100%效率的生产工艺。加工新二次铜的方法取决于其化学成分及其与其他材料的结合程度。最简单的方法是内部回收，这是铸造过程中的常见做法，只需要重熔和重铸。直接回收具有以下优点：

（1）保持合金元素（如锌或锡）的添加量；

（2）如果将其送入熔炉，合金元素将丢失；

（3）降低了去除合金元素的成本。

如果在熔炉中对金属铜进行再加工，则必须去除合金元素。

C 旧二次铜

旧二次铜是指废弃的、使用过的或外部产生的二次铜，它来自已经达到其使用期限的产品。旧二次铜是一种巨大的潜在资源，可以回收，但处理起来也相对困难。处理的二次铜将会面临以下挑战：

（1）铜含量低，通常与其他材料混合，必须与这些废料分离；

（2）不可预测性，材料供应不断变化，使其更难处理；

（3）旧的二次铜分散在不同的地方，不同于原始矿石或新的二次铜集中在特定的位置。

通过这种方式，旧二次铜通常被作为二次材料掩埋，而不是回收。然而，持续高涨的铜价增加了从二次材料中收集铜的势头。目前，废弃的电缆和电线是一种数量大、回收率高的旧二次铜。相比之下，旧电器和汽车中的旧二次铜回收率要低得多。然而，目前对二次铜处理的研究大多集中在这些资源中二次铜的再利用上。

5.1.2.2 根据含量分类的二次铜

根据二次铜中铜含量的不同，铜还可以分为1号二次铜、2号二次铜、低铜、精炼黄铜制品和含铜废物。1号二次铜的二次铜的最小铜含量（质量分数）为99%，最小直径或厚度为1.6mm，1号二次铜包括电缆、"重"二次铜（用于母线极的切割片、冲孔片）和线结节等。2号二次铜具有96%的最小铜含量（质量分数），以导线、重二次铜或结节的形式出现。低铜最低铜含量（质量分数）为92%，其成分主要为纯铜。纯铜表面被油漆或涂层覆盖（排水管、出水口）或已经被严重氧化（锅炉、茶壶），它通常含有少量的铜合金。精炼黄铜制品包括具有各种成分的混合合金二次铜，最低铜含量（质量分数）为61.3%，其他限制较少。含铜废物包括所有含铜量低的原材料，如浮渣、污泥、矿渣、返料、粉末和其他一些二次铜。

二手家用电器中的金属含量（质量分数）约占75%。因此，金属已成为废旧家电回收的主要对象。与微电子产品中的金属（包括贵金属）回收相比，废旧家电中的金属回收一般采用火法或物理工艺，回收顺序一般为铁和铁合金、铜、铝、铅、锡等金属。二手家用电器中含有大量的铜，主要存在于各种类型的电线、冷凝管、带材、电机、电路板和电子元件中。几乎所有种类的铜都用于家用电器和电子行业，其中电线、带材和电解铜箔是最常用的。因此，在回收废旧家电中的铜时，含铜废物的类型和形式相对复杂。在回收家用电器中的铜之前，有必要了解铜材料的相关知识。

铜线是铜材料中使用量最大、最广泛的品种，主要用于电线电缆导体、漆包线、镀锡线等。含铜合金线的主要品种是黄铜丝（包括普通黄铜丝、黄铜扁线、铅黄铜丝等），主要用于拉链、珠宝、螺钉、五金、自行车等。管道的使用相对集中，主要用于空调盘管、冷凝管、给排水管的制造。带状材料的用途也非常广泛，主要用于制造变压器、汽车水箱散热器散热片以及电子铜带和普通铜带等。

家用电器中使用的铜带主要有电子铜带和普通黄铜带。电子铜带是一种主要用于集成电路插件的铜铁磷合金。国内C19400和C19200级电子铜带消费量已超过1万吨。普通黄铜带主要用于各种散热片、通信设备、电器制造、仪表板和计算机零件等。电解铜箔主要用于电子行业生产印刷电路板，这在技术上具有挑战性，对产品要求很高，其发展趋势是向超薄和双面加工方向发展。随着信息产业的快速发展，其使用量也在不断增加。棒材品种最多的是铅黄铜棒材，主要用于生产制造各种电气、机械、五金等零部件。该产品对铜品位要求较低，可采用二次铜生产。

随着铜资源的日益枯竭，含铜废物的回收利用越来越受到业内关注。这不仅是因为其回收价值高，还因为人们越来越关注环保问题，从而加强了再生铜的回收利用的研究和应用。

5.2　再生铜循环利用主要方法

目前，我国生产再生铜的方法主要有两种：一种是将再生铜直接熔融成不同等级的精炼铜或铜合金，也称为直接利用；另一种是先将不纯的铜通过火法处理铸造成阳极铜，然后电解精炼成电解铜，并在电解过程中回收其他有价值的元素。当使用第二种方法处理含铜废物时，通常有三种不同的工艺，即一段法、二段法和三段法。

一段法是将不纯的铜直接加入阳极炉中精炼成阳极板，然后电解精炼成电解铜的方法。这种方法具有工艺短、设备简单、投资低的优点，但其缺点包括处理复杂铜杂质时产生的烟尘成分复杂，难以处理。同时，精炼操作炉时间长，劳动强度高，生产效率低，金属回收率低。

二段法在一段中将再生铜放入高炉进行还原熔炼，或放入转炉进行吹炼，生产粗铜；在二段中，粗铜在反射炉中精炼以生产阳极铜。高锌含量的黄铜和白铜适用于高炉冶炼和反射炉精炼工艺处理。铅和锡含量高的铜应首先在转炉中吹制，使铅和锡进入转炉渣中，产生的粗铜应在反射炉中精炼。

三段法是指在高炉中加入不纯的铜制成黑铜，在转炉中加入黑铜制成次粗铜，然后在阳极炉中加入次粗铜制成阳极板，再电解精炼成电解铜的方法。三段法具有原料综合利用好、产生的烟尘组分加工简单易行、粗铜品位高、精炼炉操作方便、设备生产率高等优点。然而，它也存在工艺复杂、设备多、投资大、油耗高的缺点。

5.2.1　电线电缆的预处理

废旧电线电缆预处理的主要目的是将铜线和绝缘层分离，主要有以下几种方法。

（1）机械分离方法。该法还可以进一步分为两种类型。第一种方法是滚筒式剥皮机的加工方法，这种方法适用于处理直径相同的废电线和电缆。我国已经拥有这样的设备。英国某工厂使用这种设备剥离废弃电线和电缆，效果良好。将用过的电缆和电线切成长度不超过300mm的段，然后送至专用滚筒切割器进行破碎和剥离处理。滚筒刀片底部直径5mm的筛网孔泄漏出碎屑，滚筒转速3000r/min，滚筒直径75cm。滚筒刀片与底部筛网板之间的间隙为1.5mm。滚筒切割器的处理能力为1t/h，电机功率为30kW。筛网孔泄漏的碎屑通过皮带输送至料仓，然后通过振动给料机送至振动台进行分拣。最后，得到铜片、塑料纤维和混合物。铜屑可以直接用作铜冶炼的二次原料。碳素工具钢冷作模具钢也可用作生产硫酸铜的原料。混合物返回滚筒切碎机进行加工，塑料纤维可以作为产品出售。每吨废电线和电缆可产生 450~550kg 塑料和 450~550kg 铜屑。一周可以加工 60t 材料，生产 30t 铜屑和 30t 塑料。每处理 30t 废旧电缆和电线，更换一次刀片。刀片由高速工具钢制成。该工艺具有以下特点：

1）工艺简单，易于机械化和自动化；

2）废旧电线电缆中的铜、塑料可进行综合回收，综合利用水平高；

3）生产的铜屑基本不含塑料，减少了冶炼过程中塑料对大气的污染。

这种类型的设备的缺点是在加工过程中消耗高功率，并且叶片磨损快。

第二种方法是切割式剥皮机的加工方法。这种方法适用于处理厚电缆和电线，我国襄阳的一家工厂已经能够生产这种类型的设备。

（2）其他方法。除了上述方法外，还有其他几种方法，如低温冷冻法、化学剥离法和热分解法。低温冷冻法适用于加工各种规格的电线电缆。废弃的电线和电缆首先被冻结，导致绝缘层变脆，然后摇晃和断裂，使绝缘层与铜线分离。化学剥离法利用有机溶剂溶解废电线的绝缘层，达到将铜线与绝缘层分离的目的。这种方法的优点是可以获得高质量的铜线；缺点是溶液处理相对困难，溶剂价格高。该技术的发展方向是研究一种廉价实用的有效溶剂。热分解法是指切割废弃电线电缆，然后通过运输给料机将其加入热解室进行热解的过程。热解铜线由炉排输送机输送至出口水封池，然后装入产品收集器。铜线可以用作生产精炼铜的原料。热解产生的气体被送往补燃室，燃烧掉可燃物质，然后被送往反应器，氯在反应器中被氧化钙吸收，然后排放。生成的氯化钙可以用作建筑材料。

5.2.2 再生铜循环利用工艺举例

德国凯撒冶炼厂是典型的再生铜厂，也是具有代表性的老企业。工厂位于特蒙德市，建于 1861 年，拥有 700 名员工。厂区面积约 30km^2，年产电解铜 11.5 万吨。同时还生产铜线锭、硫酸铜、硫酸镍和氧化锌、铅锡合金等产品[56]。

5.2.2.1 工艺说明

凯撒工厂采用两段和三段相结合的工艺，有利于降低能耗，提高有价金属的综合回收率。生产设备包括传统高炉、转炉、固定反射炉和传统电解设备。该厂有两座高炉，截面积 3.75m^2（2.5m×1.5m），日处理能力 150t，产能率 40t/m^2，焦炭率 17%，高炉废渣中铜含量（质量分数）低于 1%。其中一个高炉用于处理铜碎片和含铜粉末材料，这些材料在进入高炉之前需要进行造粒；另一个高炉处理黄铜和块状铜渣。高炉生产的 75%~85% 的黑铜在两个 30t 的转炉中吹炼。两台阳极炉均为固定反射炉，每吨阳极单位燃料消耗 70~80kg。炉衬由铬镁砖制成。在反射炉的熔炼过程中，采用了氧气氧化和插木还原的方法。

电解精炼初始电极板的生产使用钛母板，电解槽用塑料盖板覆盖，以减少热损失。蒸汽消耗为 0.8t/t$_铜$，电流密度为 200A/m^2，电流效率为 95%~97%，功率消耗为 250kW·h/t$_铜$。线材铸锭炉由两个 85t 的固定反射炉组成，内衬铬镁砖，用氧气氧化，用插木还原。燃料消耗量为 80kg/t$_铜$，产品含氧量（质量分数）小于 $2.5×10^{-4}$，硫含量（质量分数）为 $0.2×10^{-4}$。除电解铜外，原料还掺有（质量分数）约 7% 的高级紫杂铜。

5.2.2.2 工艺特点

该厂对再生铜的分类管理非常完善，按等级、类别和材料形式分别堆放和处理。铜回收率高，原料中的铅、锡、锌可以全面回收。此外，铜电解车间的启动电极生产线设计为阶梯式启动电极框架，具有独特的特点。

5.2.3 再生铜加工铜材举例

德国好望金属制品厂是一家以电解铜为原料生产各种铜材料的大型铜加工厂。同时，使用一些高级紫铜［铜含量（质量分数）超过 92%］，通过相当于阳极炉的火法冶金工艺精炼后，直接与其他铜熔融体混合，铸造成棒或板。该工厂有 2700 名员工，主要产品包括各种类型的铜管、铜带、铜板、铜合金棒和型材，各类铜材料月产量约 1.2 万吨。

5.2.3.1 工艺说明

好望金属制品厂拥有一台立式电炉。竖炉熔炼能力为 20t/h，采用碳化硅炉衬。由不同的铜材料熔化的铜液在立式炉中进行不同的处理。当冶炼 99%（质量分数）以上的紫铜和阴极铜时，铜液通过绝缘炉后进入连铸机，或直接将铜液送至半连铸机生产各种棒材或板坯。当 92%～99%（质量分数）的二次铜材料在竖炉中熔化时，铜液被送往转炉或平炉进行火炼，然后使用连铸机或半连铸机生产棒材或板坯。

5.2.3.2 工艺特点

（1）为了保证产品质量，再生铜的分类和管理非常严格。

（2）对于铜品位在 92%～99% 的紫铜，在立式炉中熔化，然后在转炉或平炉中精炼。精炼后的铜液直接铸造成各种类型的板坯和棒坯，避免了重复熔炼，铜回收率提高了 0.2% 以上，节省了相当于 400kg/t$_标准煤$铜的燃料，取得了良好的经济效益。

（3）该工厂拥有世界上唯一的大直径铜管铸造生产系统，直径 0.3～1.5m，最大长度 11m。

5.2.4 倾动炉精炼再生铜

5.2.4.1 精炼炉分类

三种常用的精炼炉是固定反射炉、旋转精炼炉和倾动式精炼炉。当用于精炼时，它们有相似的原理和精炼过程，但每种都有自己的优势。

固定反射炉是一种传统的火法精炼设备，具有结构简单、成本低、原料适应性强、操作方便等优点。但该炉热效率低，炉门气密性差，操作环境恶劣，工人劳动强度大，需要工人持管氧化还原，工人扒渣。此外，加料时间长，熔化速度慢，是一种相对落后的生产设备。目前，我国大多数铜火法冶炼厂都使用这种方法来精炼粗铜和再生铜。

回转式精炼炉于 20 世纪 80 年代在我国首次应用。与固定反射炉相比，它具有低散热损失、强气密性、更好的操作环境和机械化。然而，它更适合加工铜含量高的粗熔铜，并且固体炉料不超过 25%。因此，不适合对再生铜进行专门处理。

倾斜式精炼炉由瑞士一家公司于 20 世纪 60 年代开发。它是在钢铁行业应用的倾斜炉的基础上，结合有色金属冶炼的特殊工艺要求成功开发的。它的冶金工艺和原理与固定反射炉基本相同，所有反射炉都经过进料、熔化、氧化、还原和铸造几个阶段。这种炉子的主要优点如下。

（1）机械化程度高，用于氧化的压缩空气和还原气体通过同一风道插入炉内并通过阀门切换，无须手动持管。铜的生产操作与铸造机灵活匹配，在铸造失败时，熔炉可以快速旋转到安全位置，避免了反射炉中发生"跑钢"事故的可能性。

（2）对原料适应性强，能处理固态和液态炉料。上料方便，布料均匀，熔化速度快。由于炉膛结构合理，炉体可倾斜摆动，传热效果好，热利用率高，节省燃料。

（3）在氧化期间，熔炉向氧化空气管道倾斜约 15°，使管道浸入所需的熔体深度，这有利于氧化空气在铜液中的扩散，具有较高的氧化程度。气体还原剂利用效率高，基本解决了固定式反射炉中使用重油作为还原剂产生黑烟污染的问题。

（4）该炉使用寿命长，维修方便，提高了炉子的运行率。

倾斜精炼炉具有上述显著优点，因此越来越受到人们的重视。它结合了固定反射炉和旋转精炼炉的优点，是处理再生铜的理想炉型。到目前为止，已有 10 多家国外工厂采用这种炉来精炼再生铜。其缺点是由于熔炉的特殊结构，所用的金属材料消耗很大。

5.2.4.2 倾动炉精炼工艺流程及精炼工艺操作特点

倾斜式精炼炉主要用于处理紫铜、电解渣、次粗铜、废纯铜等含铜固体物质和液态粗铜。这些熔料材料的铜品位通常应大于 90%。对于铜品位较低的再生铜，需要在高炉中熔化，然后在转炉中吹炼，最后进入倾斜炉进行精炼。倾斜炉的精炼工艺与固定反射炉和旋转精炼炉基本相同，都经过进料熔炼、氧化还原、除渣和铸造工艺。但是，它在工艺和操作方面具有以下特点。

（1）进料和熔炼过程。在倾斜炉的进料和熔化期间，炉体处于水平状态。使用专用地面式给料机或桥式给料机将材料分批送入熔炉。进料时的炉温不低于1300℃。进料和熔化时间由进料机的容量和炉的尺寸决定。进料的原理是首先将一些松散的小块物料送入重油燃烧器附近的炉门。添加的物料在炉膛内形成一定的坡度，靠近重油燃烧器一端的物料较低。这样更有利于材料的吸热和熔化。熔融的铜材料通过炉体的倾斜起到炉内热导体的作用，加速了固体炉材料的熔化，从而缩短了熔化时间，降低了燃料消耗。在熔化期间，可以根据材料的杂质成分添加制渣溶剂。

（2）氧化还原系统。350t 高炉设有四套氧化还原气孔，每组两个。在每次熔炉操作期间，每组仅使用一个，固定在铸造侧的炉壁上。当熔炉处于其正常位置时，气孔位于熔融液位上。在氧化还原过程中，熔炉倾斜至 15°，气孔位于熔融液位以下约 0.5m 处。在铸造过程中，控制熔炉的倾斜角度，以确保风眼的位置始终在熔体水平面上，这样风眼就不会被铜水堵塞。氧化过程中，应使用无水或无油的压缩空气，并显示压力和数量。氧化完成后，切换阀门，将液化石油气送至还原操作。氧化还原管道在剩余时间内关闭，并用空气冷却。氧化还原风管由不锈钢制成，伸出炉壁约 20mm。

（3）出渣和浇铸过程。出渣口与进料炉门在同一侧，靠近排烟口，出渣时，炉膛最大倾斜角度为 10°。倾斜炉的铸造工艺类似于旋转阳极炉，其中铜水通过炉体的旋转而倒出。铜水通过溜槽连续流入中间包，然后来自中间包的铜水通过铸包定量浇注。铸造过程中，熔炉的最大倾斜角度为 28.5°，熔炉中的铜水几乎可以完全倒出。当炉子被清空时，它返回到其正常位置并开始下一轮操作。

（4）燃烧系统。燃烧系统由位于炉膛一端的两个重油燃烧器组成，每个燃烧器的容量为 200~1000kg/h，调节范围为 1∶5。采用蒸汽雾化，最小雾化压力为 600kPa。燃烧器处的油压为 600kPa，在每个燃烧器底部的炉壁上安装一根氧气管。根据加工材料的性质，耐火材料在熔化过程中可以用富氧空气燃烧，这提高了火焰底部的温度，防止了炉顶过热，延长了耐火材料的使用寿命。燃烧风机悬挂在炉框下方，风机和风道一起倾斜在炉上。在初始启动期间，使用轻质柴油将炉体预热至 600~700℃。燃烧器配有自动点火装置，该装置使用液化石油气点火。

（5）排烟系统。烟气出口位于炉膛重油燃烧喷嘴的另一端。烟气中的炭黑通过二次燃烧室完全燃烧后，经余热锅炉或喷雾冷却器冷却后，经布袋除尘后由风机排出。在二次燃烧室和倾斜炉之间的界面处留下一个间隙，该间隙可以泄漏空气以点燃炭黑。二次燃烧室的另一个功能是沉淀此处烟气携带的炉渣。

（6）控制系统。熔炉控制系统包括一个自动系统和一个成像系统。自动系统具有控制整个炉膛装置的功能，包括氧化还原气体的自动切换、事故停止功能、炉膛压力和排烟风机的调节功能。成像系统安装在中央控制室,所有需要控制的参数都在成像系统中显示和输出。成像系统包括一台带有键盘、显示器、鼠标和接口的计算机。现场还有两个控制面板,用于炉子的启动和现场控制。炉膛设有燃烧系统所需的检测箱控制装置、精炼装置、液压装置、温度和压力检测装置。

5.3 我国再生铜循环利用现状

5.3.1 我国再生铜循环利用企业的类型

据调查,我国再生铜的回收再生主要集中在河北、江苏、浙江、广东、上海五个省市。江苏省和上海市不仅有大量的再生铜生产企业,而且再生铜产量也很大。目前,我国再生铜的回收、销售和流通的配送中心主要集中在河北省的清远和新安,以及浙江省的绍兴、宁波和广东。国内再生铜回收行业的特点是地域广泛。从现有的大中型企业回收方式来看,大致可分为三类:

(1)白银有色公司、大冶有色公司、江西铜业公司、铜陵优才金属公司等国有大型采选冶铜联合企业,主要利用再生铜补充自身原料(铜精矿)短缺,满足产能需求;

(2)购买铜精矿和再生铜以满足生产需要的企业,如重庆冶炼厂、云南冶炼厂、株洲冶炼厂、沈阳冶炼厂等;

(3)武汉冶炼厂、太仓电解铜厂、常州东方鑫源铜业、宁波金田铜业公司、洛阳铜加工厂、广州铜材厂等为满足生产需要而对粗铜和再生铜进行重熔、精炼和电解的企业。

除了上述大中型铜冶炼加工企业外,目前我国还有数百家小型铜冶炼厂。这些企业大多属于集体或私营个体企业,以再生铜为原料,采用简单的生产工艺(冲天炉、小型反射炉等)进行回收再生。产生的产品大多是粗铜(通常称为黑铜)。其中,部分企业的最终产品为硫酸铜。总之,这类企业生产的粗铜一般含有较高的杂质,不能直接用于铜材料的生产和加工。这些产品需要进一步精炼和电解。在传统的生产经营过程中,逐步形成了我国再生铜回收再生的主要集散地。

5.3.2 我国再生铜循环利用产业面临的困境

(1)行业集中度低,建立行业准入制度迫在眉睫。大多数企业的生产规模较小,整个行业的行业集中度普遍较低。据不完全统计,全国再生铜企业有300多家,2009年平均产能只有4100t;年产能在10万吨以上的再生铜企业仅有两家,年产能在3万吨以下的企业居多;大型再生铜企业年产量超过30万吨,而小型企业年产量只有几百吨。目前，该行业缺乏准入管理，发展水平参差不齐，市场竞争无序，亟待规范和重新协调[57]。

（2）技术装备水平落后，环境保护形势严峻。与发达国家和地区相比，综合能源消耗、污染物排放和资源循环利用效率等关键指标之间存在显著差距。在再生铜行业，大多数中小企业仍然使用过时的传统固定阳极炉，从而带来极大的潜在环境污染[58]。

（3）标准政策体系有待完善，先进产能竞争力较弱。我国二次有色金属回收、拆解、利用的标准法规相对薄弱，政策法规体系不健全，不利于形成公平的行业竞争环境。大型标准化企业在节能环保方面投入较大，生产成本相对较高。他们在二次有色金属原料采购竞争中处于劣势，面临生产经营困难，产能不足[59]。整个行业都出现了规模经济不能产生效益、环保技术不能产生效益、先进产能吃不饱等不正常情况[60]。

（4）加工园区和交易市场需要进一步规范。许多地方没有充分整合资源条件、环境条件和供需市场，投资建设进口可再生资源加工园区、交易市场或产业集群。加工园区建设缺乏科学规划，导致无序竞争和资源浪费，不利于行业健康发展。加工园区内尚未形成涵盖回收、拆解、深加工的产业链。

（5）二次金属原料供应紧张。我国有色金属消费量居世界前列，但由于工业化和城镇化进程相对较短，二次有色金属资源储备相对不足。二次有色金属原料主要依赖国外进口[61]。2009年，我国进口了665万吨二次有色金属原材料（实物量）。随着国际可再生资源产业的发展，二次有色金属资源的竞争日益激烈。二次有色金属原料日益短缺已成为制约我国再生有色金属产业快速发展的重要因素。

5.3.3 我国再生铜循环利用的有关建议

（1）在二次铜回收形式方面，要扩大经营规模，以先进的技术和高利用率取胜。由于二次铜资源竞争激烈，优质杂质铜价格高，再加上重熔和电解成本高，二次铜精炼的利用空间很小。建议直接使用二次铜生产铜合金、铜材料和铜产品，因为直接使用二次铜具有工艺简化、设备简单、能耗低、成本低等优点[62]。对于在铜基材表面有涂层的再生铜，建议使用物理或化学方法提前分离表面层并进行后续处理，因为涂层材料通常是有价值的金属，如锡和镍。如果不将其分离并直接重熔和熔化，涂层金属就会成为杂质，无法回收，这也使处理过程复杂化。

（2）在二次铜贸易方面，目前由于我国二次铜产量有限，现有的以生活垃圾为主的配送中心也被周边企业利用，目前二次金属回收的税收政策也不合理。因此，建议重点进口二次铜，稳定生产经营，在国内非金属配送中心选择合适的区域，建立二次铜分拣收集点，使其逐步成为二次铜的供应基地。在国外采购二次铜时，要选择货场和信誉良好的大型货运商，采取严格的期货套期保值措施以降低风险，并加大质检力度，提高一些进口商的业务质量，以防止西方发达国家和地区将全球废物贸易转移到我国。

（3）充分发挥人才、技术、资金优势，研发先进的二次铜利用技术和设备，提高二次铜的利用水平，增加产品附加值。在提高矿产资源利用率的同时，企业还应做好"三废"回收利用工作，重视节能节水工作，研发科学合理利用二次铜，积极向国家有关部门申报具有良好技术或研究成果的示范项目或试点企业，争取国家财政和政策支持，促进二次铜产业发展。

6 贵金属的循环利用

贵金属共包含金（Au）、银（Ag）、铂（Pt）、锇（Os）、铱（Tr）、钌（Ru）、铑（Rh）、钯（Pd）八种金属。贵金属的得名主要是由于其资源稀少，价格昂贵，在有色金属中占据重要地位[63]。贵金属除了价格因素以外，其良好的化学稳定性及其他独特的物理性质也是其最可"贵"之处。贵金属因其具有的独特物理化学性能，而广泛地应用于国防、航空、医疗、电子等国民经济的各个领域，成为众多工业门类不可替代的重要材料[64]。贵金属的多样性带来了贵金属废弃物品种的多样性。各种贵金属废料中所含贵金属的种类和含量极不相同，即使是同一种废料，由于来源和生产时间的不同，也会有很大的差异[65]。贵金属在工业中的广泛应用和其他独特特性使其在现代工业中发挥着越来越重要的作用，成为世界各国仅次于石油的重要战略资源。

贵金属的自然资源主要是指地球上的矿产资源。尽管贵金属矿产资源分布广泛，但目前值得开采的矿产资源并不多，品位也不高。然而，人类在数千年的历史活动中开采了大量的贵金属。铂族约 4000t，黄金约 10 万吨，白银约 110 万吨。世界上生产的黄金和白银数量已经超过了已知的地质储量（约为黄金的 2.4 倍和白银的 3.2 倍），其中大部分产于 21 世纪[66]。目前，我国的贵金属废物收集系统确实存在一些亟待解决的问题：首先，我国贵金属废弃物专业网络平台尚未真正建立，目前贵金属废弃物的买卖主要依靠买卖双方的间接沟通；其次，我国缺乏公认权威的贵金属废弃物检测机构，贵金属废弃物定价相对随意；最后，贵金属二次材料的回收技术相对落后，导致贵金属回收率低，回收应用的净化工艺严重不足[67]。此外，在环境、资源利用和法律方面也存在差距。经过多年的发展，我国已初步形成了二次贵金属回收利用体系，其中二次贵金属首饰和制作首饰的废料回收、贵金属矿山尾矿和选冶厂矿渣回收以及电解电镀废渣（液）回收等，都有较为完善的贵金属回收系统。

6.1 贵金属二次资源的特点及来源

6.1.1 贵金属二次资源的特点

贵金属二次材料相当于贵金属矿产资源，可称为贵金属二次资源，主要产生于贵金属的生产过程、深加工过程、使用过程和消除过程，主要存在形式为贵金属生产过程中产生的尾矿，在深加工和使用过程中产生的废液和矿渣，以及报废或淘汰的工业和民用电子产品等。除了贵金属生产过程中产生的尾矿外，其他形式的贵金属二次材料中的贵金属含量通常高于原矿。回收过程中贵金属单位质量的能耗和其他成本明显低于原矿开采，产生的三种废物的排放量远低于原矿开采过程的排放量。贵金属尾矿以外的二次材料的特点可以概括为品种多样、来源广泛、价值高。

6.1.2 贵金属二次资源的来源

贵金属的用途广泛，在电子、电镀、化工、制药和珠宝等各个行业都有使用和丢弃，因此贵金属二次材料的类型、形状、性能和品位存在显著差异，这给贵金属二次材料的分类和回收带来了复杂性。通常情况下，根据贵金属二次材料的来源，将贵金属废物分为三类[68]。

（1）贵金属深加工过程中产生的二次材料。例如，贵金属深加工过程中产生的废废屑和废料，以及使用过程中含有贵金属的二次材料和衍生材料。这些二次材料大多由生产单位收集处理，或交给相关企业进行深加工，很少留在废料市场。

（2）贵金属化合物或含有贵金属的材料和产品，因性能变差或外观受损而需要重新加工，如含有贵金属的失活催化剂、磨损的坩埚、器具及性能恶化的电气、电子和温度测量材料。这类二次材料一般由使用贵金属材料的企业所有，相对集中，废物中贵金属的含量很容易确定，是当前贵金属废物市场的主体。

（3）分散在众多消费者手中并失去使用价值的贵金属产品，如贵金属家电、配件、家用电器，以及耐用消费品（如汽车）上的贵金属零件。这类废物的种类最为复杂，单件中几乎没有贵金属，但总量极其庞大。

从工业领域划分，贵金属主要分布在以下各行业中。

（1）珠宝和装饰行业的废物。在珠宝或装饰品的生产加工中，电镀或化学镀过程中会产生大量的废料、角废料、磨粉、灰尘或废电镀液、阳极泥等，这些都是回收贵金属的重要原料[69]。这类废物主要含有金、银、铂、钯等贵金属。一般来说，这类废物的贵金属含量高，杂质元素少，是回收贵金属的优良原料。其主要形式包括金属固体、粉末、溶液和污泥。

（2）电子电气行业。这类废液主要包括废触点、废电池、废布线、电线、焊料和用过的电路板。近年来，由于计算机的普及，计算机中的硬盘驱动器已成为贵金属二次资源的新来源。由于贵金属价格的逐渐上涨，为了节省贵金属的使用量，复合材料得到了极大的发展。它们已经从综合复合和电镀改进为局部复合和电镀[70]。

（3）石油化学工业废物。其主要包括各种催化剂、硝酸工业催化网、氯碱工业电极、坩埚等。回收的主要金属有铂、钯、铑、钌、铱和银等。化学工业是钌和铱的回收。硝酸工业中，部分铂网催化剂在炉灰中流失[71]。据调查，我国硝酸工业氧化炉灰烬中含有（质量分数）1%~5%的铂族元素，每年可从中回收大量贵金属。

（4）医疗行业的废物。其主要用作牙科材料以及抗癌和类风湿性关节炎药物。牙科材料通常含有金、银、钯及其合金。金主要是添加少量的贱金属或铂族作为合金的主要成分。这种材料使用寿命长，不可再生，目前还不处在重要位置[72]。

（5）汽车工业产生的废物。汽车工业是铂、钯和铑的重要领域，主要用作汽车尾气净化的催化剂。从废旧汽车催化转化器中回收铂、钯和铑已成为铂族再生和回收的重要方面，回收量占其消费量的很大比例。据统计，1999 年，从废旧汽车催化转化器中回收的铂占该领域需求的 25% 左右，因此它是铂族中一种重要的二次金属。这种类型的废物含有单一的金属，杂质较少，更容易处理。通常情况下，它使用氧化铝作为载体，并涂有贵金属作为活性催化成分。金属也可以用作载体，以提高催化剂的抗振动性，并且在处理过程中应注意差异处理。

6.2　贵金属二次材料的收集体系

6.2.1　发展历程

我国贵金属次生材料的采集体系比较复杂。1983 年 6 月 15 日，国务院发布《中华人民共和国金银管理条例》。第 2 条规定了含有金银和其他贵金属材料的收集、处理和处置。本条例中的金银包括：黄金和白银的采矿生产以及黄金和白银冶炼副产品，金银条、块、锭、粉，金币和银币，金和银产品以及金基和银基合金产品，化学产品中所含的金和银，以及金银废料、废渣、废液、含金银的废弃物。

按国家有关规定管理，铂金（又称白金）属于贵金属材料，与金银一样，必须切实加强生产管理[73]。2000 年以前，由于国家对金银的生产、深加工、使用和报废实行管制，由我国人民银行按照《金银管理条例》管理，贵金属二次材料的采集主要由分布在各省的我国人民银行定点企业完成，采集对象相对单一，主要是经我国人民银行许可使用贵金属的企业产生的贵金属废弃物[74]。2000 年和 2002 年，我国逐步放松了对白银和黄金的国家管制，贵金属的使用和交易不再由我国人民银行管理。因此，我国贵金属二次材料的采集体系发生了以下变化。

（1）完成二次材料收集的主体已经从我国人民银行指定企业转变为所有愿意收集和处理二次材料的企业和个人。

（2）二次材料的对象，逐渐从使用贵金属的企业生产的二次材料转变为生产和使用贵金属企业和个人报废的各种产品。含有贵金属的二次材料的复杂性大大增加，贵金属往往成为其他二次材料中回收物质的宝贵组成部分。

（3）收集与回收已逐步实现分离与整合。在 2000 年之前，贵金属二次材料的收集者通常是加工者，这意味着收集到的二次材料通常由收集者直接回收。自 2000 年以来，收集贵金属二次材料的人与回收和处理贵金属的人之间一直存在分工与合作。逐步建立起以贵金属二次材料为主要贸易项目的废品市场。湖南省永兴县、浙江省仙居县等贵金属大县已将贵金属废弃物回收交易作为支柱产业之一。湖南永兴县每年利用贵金属二次材料再生白银 1500t，成为我国最大的产银县，被授予"中国银都"称号。

6.2.2 存在的问题

随着金银管理条例的放宽，我国贵金属（有色金属）的回收利用逐渐从地下向地上转移，这也出现了一些悬而未决的问题。应该说，我国基本建立健全了包括贵金属废料在内的二次物质资源综合利用的法律法规。然而，二次物质资源综合利用领域的问题尚未完全解决。

（1）行业管理困难，贵金属废物的收集过程混乱无序。贵金属二次材料资源的回收利用通常与其他二次材料的回收利用相混合，难以分化为新兴产业。以至于各大协会都成立了贵金属（有色金属）资源回收利用专业委员会，并举办研讨会、展览和国际交流。废物来源的竞争几乎达到了白热化的程度，贵金属废物交易的专业网络平台尚未真正建立起来。贵金属废料的交易仍然主要依靠交易各方之间的直接接触。

（2）贵金属二次材料回收技术相对落后，导致贵金属回收率低，回收过程污染严重。贵金属二次材料的资源性与污染并存，人们过于注重资源性，而对处理处置过程中的污染关注不够。

废旧家电和电子产品是贵金属废物的主要来源之一，也是二次材料处理和回收领域最严重的污染问题之一。因此，国家有关部委高度重视，2004 年 9 月，国家发展和改革委员会（以下简称发改委）发布《废旧家电及电子产品回收处理管理条例》（征求意见稿）；2005 年 11 月，中国科学院、中国工程院、国家自然科学基金在江苏常州举办了"有色金属资源循环科学前沿与关键问题"的"双清论坛"。与会院士和专家一致认为，应加强电子二次材料回收利用的科学技术研究。自 2006 年以来，国家科学技术基金设立了二次材料技术研究项目；2005 年 12 月，发改委在河南焦作召开促进循环经济现场交流会，明确指出要加大电子二次材料无害化处理技术研究力度；2006 年 5 月，商务部公布了《再生资源回收管理办法》，自 2007 年 5 月 1 日起施行；2008 年 8 月，《中华人民共和国循环经济促进法》颁布；2009 年 2 月，《废弃电器电子产品回收处理管理条例》正式公布，并于 2011 年 1 月 1 日起施行。

（3）公众对二次材料的资源意识和环境意识需要进一步加强。二次材料的分类、收集、管理和处置难以实施。绿色清洁贵金属回收技术的研发、推广和应用难度较大。国家高度重视相关技术的发展和产学研一体化。2009 年 10 月，科技部牵头组建了我国第一个产业技术创新战略联盟——中国再生资源产业技术创新战略联盟，并建立了一些国家科技支撑计划项目，专业开发绿色清洁的二次材料资源回收利用技术，集产、学、研于一体。2003 年，中国有色金属工业协会再生金属分会成立了贵金属深加工与应用专业委员会。2005 年，中国材料回收协会成立贵金属回收专业委员会。2005 年，中国材料回收协会成立贵金属回收专业委员会。

6.3　贵金属二次材料的处理技术现状和趋势

由于贵金属二次材料种类繁多，其处理技术和工艺差异很大，需要根据二次材料的种类、形态、数量和贵金属的含量等因素综合考虑，反复试验后确定具体的回收工艺。

6.3.1　预处理

贵金属二次材料的预处理通常包括拆解、分类、燃烧、干燥、研磨、筛分、熔铸、转入溶液等工序，这些工序可以单独使用，也可以几种工序联合使用。贵金属回收企业通常将预处理和后继的回收工艺结合起来。将预处理工序作为整个回收工艺的一部分。经过预处理后的贵金属废料在回收前一般必须进行科学取样和分析成分及含量。

存在的最大问题在于：许多企业在预处理阶段更重视经济效益，而忽视了环境保护，尤其在燃烧/干燥以及转入溶液工序，对产生的二次废气和废液并未进行有效的处理。

6.3.2　金的回收

金在二次资源中的形态主要有：以液态状态处于含金废液中（如含金氰化废液和含银废王水等），以固体状态处于表面镀金废料和合金等其他固体废料中，以固体或废料状态存在于金矿的采选和冶炼各个环节中。流入市场的含金废料主要以前两类废料为主[75]。

6.3.2.1　从含金废料中回收金

（1）含氰镀金液的金回收。含金氰化废液主要是镀金废液（一般酸性镀金

废液含金 $4\sim12g/L$，中等酸性镀金废液含 $4g/L$，碱性达 $20g/L$)[76]。常用的含氰镀金液的金回收方法有电解法、置换法、吸附法、离子变换法和溶剂萃取法等。根据含氰镀金废液的种类和金含量可以选择单种方法处理，也可以采取几种方法联合处理[77]。部分企业在处理含氰废液时，对氰化物的危害认识不足，未能及时破氰。含氰二次废液渗入土壤或进入工业废水系统较多。

（2）含金废王水中金的回收。从废王水中回收金的基本原理是向自由或配位的金离子提供电子，将其转化为原子态，从而获得金的单质。为金离子提供电子的常用方法有两种：一种是在废王水溶液中加入适当的还原剂来还原金离子，另一种是通过电解为金离子供应电子，使金在阴极沉淀析出[78]。目前在工业上得到的可用于回收废王水中金的还原剂主要有硫酸铁、亚硫酸钠、活性过渡金属（如锌粉、铁粉）、亚硫酸氢钠、草酸、甲酸、水合肼等有机还原剂。用还原法从废王水中回收金时，必须注意废王水的酸度和氧化强度。通常情况下，废王水具有很强的酸性和氧化性，在添加还原剂之前，必须努力降低其酸性和氧化性能。然而，目前仍存在一些困难，如含金废王水的赶硝和还原过程中，酸性废气排放过多。

6.3.2.2 从含金固体废弃物中回收黄金

从电子工业金废料、电镀工业金废料和冶金工业金废料产生的含金固体二次材料中回收金的方法和技术有很多。其共同点是在回收之前，必须首先进行选择和分类，如有必要，必须进行拆解（如各种类型的含金废弃电器和部件），以实现在火法或湿处理之前的初步富集。采用湿法从固体二次材料中回收金的主要步骤如下。

（1）造液。去除油污和夹杂物，或压碎选定和分类的含金固体。工业酸主要包括王水和单一酸，如盐酸、硝酸和硫酸。

（2）金属分离富集。根据液体生产后溶液中所含金属的不同性质，设计一定的分离富集工艺，将贱金属与贵金属、贵金属相互之间进行分离[79]。对于贵金属含量极低的贵金属混合溶液，应在后续操作前富集贵金属，即含有贵金属的溶液中的贵金属含量应增加到可以有效回收的程度。

（3）贵金属的提取。经过分离、富集和纯化，富集溶液通常可以通过化学还原或电解还原方法（将其转化为贵金属元素物质）从贵金属中容易地提取出来，从而达到从绝大多数杂质中分离出来的目的。常用还原剂的类型和浓度根据富集溶液的类型、贵金属的含量以及溶液中贵金属的存在而变化。

（4）粗金精炼。粗金通常以小颗粒出现。精炼的方法通常是将还原的金粉末熔化并铸造成大块，然后进行电解精炼。更经济的方法是在获得粗金颗粒后不再进行上述熔融和电解精炼，而是直接进入贵金属产品的深加工过程。粗金粉的深加工是一种很有前途的方法。

6.3.2.3 从电镀废料中回收黄金

镀金废料中的金通常位于电镀零件的表面，许多镀金废料零件在回收表面金层后可以重新用作基材。常用的方法包括用熔融铅熔化贵金属的铅熔退金法、利用涂层和基底之间不同热膨胀系数的热膨胀退镀法、利用溶解试剂的化学剥离法和电解剥离法。

6.3.3 铂的回收

6.3.3.1 从含铂废液中回收铂

从含有铂的废液中回收铂的工艺有很多，可以根据溶液的性质和所含铂的量来选择。常用的方法包括还原、萃取、离子交换、锌粉置换和活性炭吸附等。

在金的电解精炼过程中，由于铂和钯的电位比金为负，铂和钯从阳极溶解后进入电解质，生成氯铂酸和氯钯酸。当电解质使用一定时间时，铂和钯的浓度逐渐增加。当铂含量超过 $50 \sim 60g/L$，钯超过 $15g/L$ 时，阴极上存在与金一起沉淀的风险[80]。因此，必须对电解液进行处理才能回收铂和钯。电解液中的金含量高达 $250 \sim 300g/L$，因此在提取铂和钯之前，必须先还原并去除金。还原金溶液后，在搅拌下加入固体工业氧化铵，生成铂的 $(NH_4)_2PtCl_6$ 沉淀，并将其与钯分离[81]，$(NH_4)_2PtCl_6$ 用含（摩尔浓度）5%HCl 和 15%NH$_4$Cl 洗涤后，放入马弗炉中煅烧成粗铂［含（质量分数）铂95%］，进一步精炼得纯铂。

6.3.3.2 含铂废催化剂中回收铂

在石油工业中经常使用以氧化铝、氧化硅、石墨等为载体的铂催化剂[82]。从这种无效催化剂中再生和回收铂的常用方法包括王水溶解法（溶解铂）、硫酸溶解法（溶出其他杂质）、合金熔融法（将合金溶解在王水中，用氯化铵沉淀铂，使其与其他元素分离，得到铂[83]）。

6.3.3.3 从铂镀层和铂涂层废料中回收铂

通过利用镀铂和镀铂废料中基体金属与铂之间不同的热膨胀系数，铂层可以在加热条件下膨胀和破裂，并可以从镀铂和镀膜废料中回收铂。将废弃的镀铂零件放置在 $750 \sim 950℃$ 的温度下，并在氧化气氛中保持恒温 30min。在上述温度范围内，铂不被氧化，而与铂层接触的基底金属（如 Mo、W）的表面被氧化。用（摩尔浓度）5%NaOH（NaHCO$_3$ 或 NH$_4$OH）碱性溶液溶解结合层的贱金属氧化物[84]。振荡后，铂层脱落并沉淀在碱性溶液罐的底部。在 $780 \sim 950℃$ 下，将含铂沉淀加热并氧化，使基底金属升华。然后，将含铂的残留物用碱煮沸（或酸处理）以进一步去除贱金属。洗涤后，将残留物溶解在王水中，过滤并稀释水解后，除去杂质，用 NH$_4$Cl 沉淀铂，得到 $(NH_4)_2PtCl_6$，然后煅烧得到海绵状纯铂。

6.3.4 银的回收

银在含银废物中的存在形式类似于金，主要为液态（如含银酸性废液和含氰废液）和固态（如以元素金属或合金形式存在于镀银废液表面，以浆料形式存在于涂层表面，以合金形式存在于元器件的接触和引线部分）[85]。目前，工业上应用的含银废物处理和回收方法主要有火法、湿法、浮选法和机械法。

6.3.4.1 含银废料中银的回收

从含银废物中回收银的过程主要是湿法。该方法使废液中的简单银离子或配位银离子变成硫化银、氯化银等沉淀物，与废物中的其他物质分离，或利用电解或还原使废液中的单质银离子或配位银离子得到电子，直接成为单质银。湿法可分为沉淀法、还原法和电解法三种方法[86]。银在固体二次材料中的共同特征是，在初始富集后，银溶解在液体中，将所有形式的银转移到液相中。为了方便后续工艺和降低回收成本，获得的溶液通常需要经过金属分离、富集和纯化处理，以确保在金属萃取过程中能够充分还原离子态的银[87]。

A 含大量有机物质的银废料的回收

回收含银废胶片、含银电子浆料等银废料的常用方法包括燃烧法、化学处理法、微生物法等。目前，国内外主要采用燃烧法和化学法相结合的方法，化学和微生物分离法很少使用[88]。

B 镀银废件中银的回收

镀银废料中的银以单一金属或银合金的形式存在于镀件的表面上。通常，在回收银的同时，要求不损坏基底材料。从镀银废料中回收银的常用方法包括化学退镀法和电解退镀法。化学退镀法的基本原理是使用适当的化学试剂，如浓硫酸和硝酸的混合酸、过氧化氢乙二胺四乙酸（EDTA）的混合溶液、单一硝酸等与镀银部件作用，使镀银部件中的银或银合金进入溶液，取出并清洗基材，从溶液中回收银。电解退镀法的基本原理是使用镀银部件作为阳极，并控制电解条件，使镀银部件表面的银进入电解质或从电解质中沉淀出阴极上的金属银。电解退镀法适用于退镀较大且相对规则的镀银零件，但不适用于较小且无序的镀银二次材料。

镀银废料中的银以单一金属或银合金的形式存在于镀件的表面上。通常情况下，在回收银的同时，要求不损坏基底材料。从镀银废料中回收银的常用方法包化学退镀法和电解退镀法。

6.3.4.2 含银的废合金中银的回收

对于银含量明显高于金含量的银-金合金，可以使用直接电解从阴极中回收银，而金在阳极泥中富集。湿法工艺也可用于回收银和金。通过利用银溶于硝酸而金不溶于的特性，用硝酸制成溶液，使银进入硝酸溶液，而金保留在液体残留物中[89]。然而，当 $w(Ag):w(Au)<3:1$ 存在于废合金中时，银在液体生产过程中容易钝化，并且不能被硝酸溶解。可以将一定量的粗银添加到废合金中并熔化，以形成 $w(Ag):w(Au)$ 约为 $3:1$ 的银-金合金，再从中回收银和金。

6.3.4.3　从焊料和触点废合金中回收银

焊料和接触废料合金含有高达（质量分数）80%的银，可以铸造成阳极进行直接电解。电解银的品位可以达到99.98%以上。含有（质量分数）72%银的银铜合金也可以电解产生99.95%的电解银，但电解液中的铜含量迅速增加，增加了电解液的净化量。采用交换树脂电极隔膜技术，除生产电解银外，还可以对银铜合金进行综合回收。对于其他低银合金，可以使用稀硝酸浸出银的盐酸沉淀，然后用还原剂如水合肼还原或直接熔炼来从中回收银。

6.3.5　钯的回收

回收钯的基本思路是利用钯能溶于硝酸的特性，将钯与难溶于硝酸中的金、铂等贵金属分离，然后利用银在盐酸或氯化钠溶液中能产生氯化银沉淀的性质，将银从含钯硝酸溶液中分离出来（称为银分离）。在银分离后的溶液中加入能够沉淀钯离子的试剂，以实现与其他金属的分离。湿法工艺可生产纯度超过99.99%的钯产品。火法冶金工艺通常用于从钯含量低的废料中回收钯，或在回收其他贵金属的火法冶金过程中富集钯。火法冶金工艺得到的钯一般是粗钯，通常需要采用湿法进行精制提纯，得到高纯度的海绵钯或直接加工成钯的精细化学品[90]。

6.3.5.1　含钯废液中钯的回收

含钯废液中钯的存在形态主要为 Pd(Ⅳ) 和 Pd(Ⅱ)，传统的分离和富集方法是氯钯酸铵沉淀法和二氯二氨络亚钯法[91]。在银的电解精炼过程中，分散在银电解质中的少量钯以 $Pd(NO_3)_2$ 的形式存在。在 $75\sim80℃$ 下，将黄原酸酯（浓度为1%~5%）加入含钯电解质中，剧烈搅拌，得到钯黄原酸亚钯。沉淀钯后的溶液用铜代替以回收银，剩余的溶液用 Na_2CO_3 中和以回收铜。黄原酸亚钯 $[(C_2H_5OCSS)_2Pd]$ 用王水溶解后解除氯化银。滤液用 HNO_3 氧化，然后用氯化铵沉淀钯，得到绿钯酸氨气，溶于水后，用氨络合法提纯2~3次，用水合肼还原，得到99.8%的海绵钯。

该方法设备简单，操作方便，钯回收率大于90%。

6.3.5.2　从含钯固体废料中回收钯

含钯固体废料的湿法回收原理与含钯液体废料的回收原理相似，将含钯固体废料用王水、硝酸等试剂使钯转入溶液后，再用上述从废液中回收钯的方法进行回收和精制。常用的工艺有浓硝酸分离法、氯化铵分离法和直接氨络和法等。其中氯化铵分离法用得较多[92]。

铱、铑、钌和锇的废料相对于金银铂钯四种贵金属而言相对较少，循环利用的方法也主要是火法和湿法，有关工艺与前述铂钯的回收工艺相似。

6.3.6 贵金属的精炼

尽管从含有贵金属的各种废料中可以提取出单一的粗贵金属，但其纯度通常无法满足现代工业的需要。因此，在贵金属的整个生产过程中，贵金属的精炼是非常必要的。所谓贵金属精炼，是指对富含单一或多种贵金属共存的粗金属、贵金属矿石和含有贵金属的溶液进行进一步加工，以获得满足各种要求和纯度的单一贵金属的过程[93]，它包括分离和纯化两个过程。金和银的精炼方法与铂族金属有很大不同，前者主要使用传统电解，后者主要使用化学方法（包括铂族金属原料的预处理、铂族金属的相互分离和单个粗铂族金属纯化）。

6.4　存在的问题及对策

目前，贵金属回收行业面临着许多问题，比如回收单位分散、无法形成规模、回收设备和技术落后、导致回收率低、浪费资源和能源。政府没有设立专门的管理部门，目前还无法计算出我国金、银、铂族金属的总量和回收率。我国的贵金属回收团队也非常复杂无序，虽然逐渐出现了一些正规的贵金属再生企业，然而，也有许多私人和个体的贵金属回收小作坊，带来了严重的环境污染等问题。具体而言，涉及以下问题。

6.4.1 环保问题

环境保护已成为我国贵金属二次资源循环利用过程中最为严重和关注的问题，主要表现如下。

（1）大量个体回收者在收集贵金属二次材料（如废定影液中的银）时，对贵金属二次材料采取简单的"现场预处理"方法，将富集的贵金属废物带走，并随机丢弃大量其他废物，造成更严重的环境污染。

（2）在预处理和后续回收操作中，缺乏对废物的有效处置，燃烧产生的烟尘和酸溶解产生的废气处置过于简单，导致废物排放达标率低。

（3）在拆解和分类的过程中，人们过于关注贵金属的经济效益。在拆解贵金属和其他明显含有金属的部件后，往往没有对使用或回收价值相对较低的无害废塑料、橡胶和玻璃进行处理，导致乱处理、简单燃烧等严重现象。

（4）在湿法回收过程中，二次废水的处理和回用率相对较低。二次废水未经有效分类处理，酸性废水、重金属废水、氰化物废水往往同时流入同一废水池，容易产生新的有害废气和大量污泥沉淀。

（5）缺乏有效的二次废物处理方法和手段往往导致在回收贵金属和其他金属的同时产生大量的二次垃圾。

6.4.2 资源利用率问题

由于历识问题和相对较低的价格，许多从事贵金属二次资源回收利用的企业将其称为废物。在回收利用过程中，设备投入较少，技术研发投入较少，工艺创新投入较少。这导致贵金属回收率低，环境污染严重，给社会带来了更大数量或更低含量的贵金属二次材料。从回收贵金属资源的成本分析，贵金属含量越低，单位质量回收同类型贵金属的成本就越高。如果将单次回收后的贵金属废料再次回收，单位质量再生同类型贵金的成本将是单次回收的 3~10 倍。因此，改进工艺和技术、提高贵金属废物的一次回收率，对于保护贵金属资源和减少社会回收的总支出非常有益。

6.4.3 认识和法律问题

人们对贵金属资源的重要性、从事贵金属回收的紧迫性和重要性仍有许多误解。其中一个误解是简单地将贵金属资源的回收与经济效益相结合，认为这个行业的主要目的是实现经济效益；第二个误解是，二次材料的回收和利用不可避免地与大量二次污染的产生有关，人们认为二次材料的回收利用总是与肮脏无序的工作环境及废水横流与废气排放的现象相结合。

目前，我国尚未制定包括贵金属二次资源在内的二次材料回收利用立法，如何废弃及废弃后如何处置也缺乏法律依据。在电子二次材料的处置方面，采取了禁止进口的简单方法，缺乏类似日本和欧盟的家电回收法律法规。法律的缺乏造成了包括贵金属二次资源在内的可用资源管理混乱。

6.4.4 解决问题的途径和对策

从近年来具有代表性的二次资源贵金属回收检测方法的进展可以看出，环境效益好、经济可行性高、资源利用效果好、产业化前景好的技术将是贵金属回收技术的主要发展方向。因此，在贵金属矿产资源日益枯竭、贵金属开采和冶炼过程污染水平高、开采和冶炼成本增加的背景下，增加贵金属二次材料的回收利用具有双重经济和环境意义。绝大多数国家都认为，在矿产资源开发中，贵金属二次材料的回收和利用同样重要（甚至更重要）。

提高全社会对包括贵金属二次资源在内的二次物质资源重要性的认识，解决无害化处置与资源利用之间的矛盾，加强技术开发，加强国际交流与合作，建立二次物质资源回收利用法律是解决上述问题的关键。

（1）加强技术开发力度，解决好无害化和资源化的关系。贵金属二次资源的无害化处理和资源化利用涉及许多科学技术。只有通过跨学科的联合研究和加大技术开发力度，才能真正实现无害化处理前提下的资源利用。贵金属二次资源无害化处置主要解决处置过程中的环境污染问题，其核心是处置过程不能造成新的二次污染。这一主题既涉及技术因素，也涉及经济因素。贵金属二次资源化利用的目的是为贵金属二次资源中的贵金属等贵重材料创造新的经济效益。从某种意义上说，利用无害化处置技术处置贵金属二次资源与提高经济效益（特别是眼前效益）是矛盾的。因此，贵金属二次资源回收企业必须提高认识，处理好眼前利益和长远利益的关系，在无害化处理的前提下进行资源化利用。从长远来看，这不仅符合国家和环境利益，也是企业长期生存的前提。

（2）法律优先注重国际合作和分工，包括贵金属二次资源在内的各种二次物质资源的回收利用立法，是提高人们对资源回收利用认识、解决无害化与资源化利用矛盾、加大技术开发力度的法律保障。二次材料问题已经成为一个全球性问题，各国正在考虑如何处理二次材料。加强二次材料处置技术和政策的国际交流与合作，优势互补，是解决这一问题的重要手段。我国应积极开展二次材料无害化和资源化利用的基础理论、应用开发和产业化研究，积极吸收国外先进的处置工艺和技术，开展全面的国际交流与合作，做大做强我国的资源回收产业，努力使其成为世界上重要的资源循环利用国。这是一件利国利民、功在当代、利在千秋的好事。我国贵金属二次资源的大规模回收利用才刚刚开始，还涉及许多问题。然而，资源短缺的严重性、人类与环境协调发展的紧迫性及建设资源节约型社会的重要性，迫使我们认真考虑在我国回收贵金属资源的有效途径和方法。笔者相信，随着人们对资源、环境和人类协调发展认识的提高，新兴的贵金属二次资源回收产业一定将得到良好的发展。

7　聚合物材料的循环利用

随着我国国民经济的逐步发展，环境污染问题日益严重。化学工业渗透到生产、生活的多个方面，与人们的衣食住行息息相关。它是国民经济中非常重要的一部分，化学环境保护尤为重要。其中，原材料成本和副产品回收效率至关重要。目前，全球聚合物产量已超过 3 亿吨，聚合物材料在生产、处理、流通、消费、使用、回收和处置过程中也带来了沉重的环境负担。聚合物废弃物的主要来源包括生产废弃物、商业废物和使用后废物。生产废弃物是指生产过程中产生的废弃物，如废品、边角料等，其特点是清洁易再生。商业废物是指用于包装商品、电器、机器等的一次性包装材料，如泡沫塑料。使用后废物是指聚合物完成其功能后形成的废物，这类废物相对复杂，其污染程度与使用过程和场合有关。相对而言，使用后废物污染比较严重，回收利用的技术难度较高，它是材料回收研究的主要对象，每年废塑料和废旧轮胎占我国城市固体二次材料质量的 10%，体积达 30%～40%。

这些聚合物废弃物很难处理并形成所谓的"白色污染"（废塑料）和"黑色污染"（废轮胎），影响人类生态环境和聚合物行业本身的进一步发展。

7.1　国内外聚合物材料循环利用现状及工艺

7.1.1　国内外聚合物材料循环利用现状

随着聚合物材料的发展，聚合物材料制品在工业中的应用越来越广泛，已成为人们生活中不可或缺的重要组成部分。2022 年，全球塑料总产量超过 2 亿吨。随着塑料产量的增加，二次塑料的数量逐渐增加，全球二次塑料产量也达到了 4000 万吨，这是一个重大的环境危害，造成了巨大的资源浪费。根据每个国家的实际情况，一些国家在治理方面投入了巨额资金。美国对塑料生产采取了限制措施，我国政府也高度重视。他们多次发布命令，严格禁止乱扔塑料薄膜袋，减少或消除"白色污染"。

面对塑料污染问题，我国逐步加强塑料二次材料的回收利用，积极发展塑料循环经济，推进从生产、消费、流通、处置全生命周期治理，加快构建从塑料设计、生产、循环消费向废弃物回收处理转变，探索塑料利用与生态环境保护的协调发展路径。中国材料回收协会表示，大多数塑料材料都是可再生的。提高废塑料的回收利用水平是解决塑料污染的有效途径。据估计，每回收一吨废塑料可以节省 3t 塑料。同期，我国的材料利用率占全球的 45%。2021 年，材料回收量约为 1900 万吨，材料回收率为 31%，是全球废塑料平均水平的 1.74 倍。而同期，美国、欧盟和日本的国内材料再生率分别只有 5.31%、17.18% 和 12.50%。

就烯烃而言，再生二次塑料量最大的是聚氯乙烯树脂，约占烯烃塑料的 40%。其回收率也较高；其次是聚乙烯，约占 30%。然而，聚乙烯包装袋的回收率相对较低，其次是聚丙烯，积压量大，尚未得到充分利用。我国有几家企业从国外进口了废塑料回收设备。全球再生二次塑料的数量已从 1998 年的 430 万吨，增加到 2022 年的约 2000 万吨。各国二次塑料的利用率约占废弃物的 7%。世界二次塑料主要是用于包装、建筑、消费、工业和汽车等领域的二次材料；按品种分为聚烯烃、聚酯、聚氯乙烯、尼龙、聚苯乙烯、工程塑料等。

在美国和欧洲，聚合物的回收已经发展成为原料回收和燃烧能量回收的结合。在我国，聚合物的回收一般有二次聚合物材料的物理回收、化学综合利用和二次聚合物燃烧回收能源三种方法。物理方法是一种收集、分离、纯化和干燥二次聚合物材料的过程，然后添加各种添加剂，如稳定剂，重新造粒，并进行再加工以进行生产。目前，许多聚合物材料都是使用这种方法回收的。化学法是利用光、热、辐射、化学试剂等将聚合物降解为单体或聚合物的过程，其产品被用作石油或化学原料。能量回收是指使用聚合物材料作为燃料或产生热量或蒸汽发电，或使用聚合物材料为辅助燃料的过程。

7.1.2 聚合物材料的处理方法

（1）深埋处理。深埋处理是处理二次材料（或固体二次材料）最简单、最古老的方法，在世界范围内普遍使用。然而，深埋会占用土地，即使在掩埋完成或关闭后也不能用于其他目的，甚至由于污染迁移和不稳定，周围的土地也会受到影响。此外，深埋会产生泄漏，其中含有分解产物。许多有毒的有机化合物、复杂的金属盐和有机金属化合物将从地下渗入水源，进入江河湖泊，污染水源和土地。随着时间的推移，不同的污染产物将达到峰值浓度。同时，固体二次材料深埋后分解的废弃物会产生许多气体，主要是 CO_2、CH_4、H_2、N_2 及 H_2S、挥发性硫醇、恶臭有机酸等有毒、恶臭气体。排放的气体具有强烈的气味、高污染和爆炸风险。此外，聚合物废物密度相对较小，体积较大，难以在土壤中分解。因此，许多国家和地区正在积极采取措施减少深埋处理，以减少深埋废弃物对地下生态环境的影响。

（2）再循环。回收利用是处理二次聚合物材料的一种有效且相对科学的方法。再生利用是利用二次聚合物材料的有效途径，它不仅有效地解决了环境污染，而且节约和利用了资源。从资源利用的角度来看，二次聚合物材料的利用应首先考虑材料循环,然后考虑化学循环。材料回收是指将二次塑料制品作为原材料进行回收和再利用。化学循环也称为化学裂化,是指二次塑料通过化学反应转化为低分子量化合物或低聚物。所使用的工艺方法是切断聚合物的长链,恢复其原始性能,通过裂解获得的原材料可以用来制造新的塑料。

(3) 能量回收。能量回收是指燃烧不能以其他方法加工的混合塑料或残留物,以利用其释放的热能,包括燃烧废物获取能量(EFW, Energy From Waste)和燃烧废物燃料(RDF, Refuse-Derived Fuel)以获取能量。前者用二次材料作燃料源来产生蒸汽、热水和电;后者用废料制燃烧粒子,并在锅炉或燃烧器中燃烧产生能量。但是燃烧法会产生有毒气体,污染大气,燃烧的无毒化处理设备投资大、成本高,目前还局限于发达国家和地区和我国局部地区。能量回收是聚合物材料循环利用中比较重要的循环方法,但要注意二次污染问题。

7.1.3　聚合物材料循环利用工艺

7.1.3.1　聚合物材料物理循环工艺

(1) 配料、造粒及粉碎。单一聚合物在实际工艺中的应用非常有限,通常需要添加各种添加剂才能满足材料的性能要求。使用挤出机或各种搅拌机将增塑剂、稳定剂、填料和其他添加剂混合到原树脂中的过程称为配料。通过混合获得的精制产品通常需要造粒或粉碎,以减少固体尺寸,为下一次成型使用做准备。破碎后的颗粒大小不均匀,而造粒可以获得相对整齐、形状固定的颗粒。

(2) 吹塑。在压缩空气的帮助下,处于高弹性或塑性状态的中空塑料坯料膨胀变形,然后冷却成型,获得塑料制品。这样的成型过程称为吹塑成型。

(3) 注塑成型。注塑成型又称注塑成型,是高分子材料加工的一种重要方法,可用于热塑性高分子材料和再生高分子材料的成型。近年来,注塑成型逐渐被用于热固性聚合物材料的成型。

(4) 挤出成型,挤出成型是热塑性塑料成型中广泛使用的一种加工方法,也是聚合物材料回收利用的主要加工方法。热塑性塑料的挤出成型过程可分为塑化、成型和定型三个阶段。挤出成型工艺具有连续的生产工艺和高的生产效率、投资低、见效快、操作简单、易于过程控制的特点,因此用途广泛,质量可靠。

(5) 压延成型。压延成型是加工热塑性材料的主要工艺之一,也是生产再生薄膜和片材的首选生产工艺。压延成型是使用各种塑料精炼设备对成型材料进行加热、熔化和塑化,然后将熔化和塑化的熔体通过一系列相对的旋转辊间隙进行压缩和拉伸,形成平面连续塑料体的过程。经过冷却、成型和适当的后处理,可以获得薄膜或片状塑料产品。

(6) 压缩成型。压缩成型这种方法首先将塑料或回收塑料放入具有一定温度的模腔中,然后关闭模具并施加压力使其成型和硬化,最后脱模并取出产品。

成型生产过程为：嵌件安放→加料→闭模→排气→固化→脱模→模具清理。

（7）发泡成型。泡沫塑料是一种以树脂为基础，内部有无数微孔气体的塑料制品，也称为多孔塑料。回收的热固性塑料和热塑性塑料通常可以制成泡沫塑料。由于孔隙的存在，泡沫塑料具有密度低、隔热、吸音等优点。泡沫塑料的发泡方法有物理发泡、化学发泡和机械发泡。

（8）热成型。热成型是一种以热塑性塑料片为原料制造塑料制品的方法。制造时，将切割成一定尺寸和固定形状的片材夹在框架上并加热到高弹性状态，然后施加压力使其靠近模具表面，以获得与模具表面相似的形状。

（9）铸造成型。塑料的铸造与金属的铸造相似，是机械工业中由"翻砂"铸造发展而来的一种成型方法。浇铸成型是将聚合物的单体、预聚合浆料、熔融的热塑性塑料和聚合物的溶液溶胶倒入一定形状和规格的模具中，然后固化成型或由于溶剂蒸发而硬化成产品的方法。该过程包括：浇铸液的配制→过滤和脱色→浇注→硬化→脱模→后处理→制品。

7.1.3.2 聚合物材料化学循环能量回收工艺

二次聚合物材料的化学循环主要是指聚合物材料被粉碎、清洗、干燥，然后进行化学处理，以获得有用的化学原料或石油产品的过程。转炉窑和烧火炉是两种最常用的固体二次材料燃烧类型，流化床炉适用于水煤渣。必须对固体二次材料进行分类，以去除不可燃物质，从而减少固体残留物和飞灰，并增加燃烧废物产生的热量。燃烧的最佳材料是塑料、纸张和木制品，一般粉状比较好，块状燃烧也常见，但底部的残留物要高得多。废物通过炉子的炉排被引入燃烧室。为了保证固体二次材料中所有有机物的完全燃烧和分解，炉膛温度必须保持在1000～1500℃。低温、气流不足、停留时间短会导致二噁英、呋喃、多氯联苯、一氧化碳、氯苯和多环芳烃等有机化合物的排放。

7.2 聚合物材料回收的技术问题

目前，国际上二次材料处理的趋势是"废物综合管理"，实施3R行动以减少二次材料的生产。3R的行动口号是"减量化（reduce）、再使用（reuse）、再循环（recycle）"。对废弃聚合物材料循环利用而言，以下科技问题值得关注和深入研究。

（1）采用聚合物材料的绿色工程理念。在单体的选择、合成和材料制备阶段，考虑了材料使用后的可回收性，制备易于解聚、降解和可回收的聚合物材料。研究新的聚合方法，将热、光、氧和酶敏感基团引入分子链，为材料使用后的降解和解聚创造条件。注重开发线型热塑性、无毒性高分子材料，特别是聚烯烃材料。利用物理交联代替化学交联，提高材料的热塑性和加工流变性能，为材料使用后的回收和加工创造条件。开发生物可降解高分子材料,研究淀粉、纤维素、甲壳素等天然高分子材料的结构、性能和应用。研究天然聚合物和合成聚合物材料的共混,以及复合材料的结构和性能,为制备高性能、低成本、可生物降解的聚合物材料提供了基础。

(2)强调绿色加工技术的开发和应用。理想的绿色技术是通过反应性加工(反应性挤出、反应性注射)、反应性增容,以及使用紫外线、电子束、微波辐射和机械化学等高效无污染的物理方法,提高混杂二次聚合物材料的相容性和加工流变性能,以制备具有不同使用价值的再生聚合物材料。研究再生聚合物材料的结构性能和使用历史,为确定聚合物材料的最大再加工和利用提供依据。

二次聚合物材料的分类是材料回收过程中一个复杂而昂贵的过程,应重点研究低成本回收的新原理、新技术和新设备。如果将1%PP与HDPE废料混合,用回收材料制备的HDPE塑料瓶的冲击性能将显著降低;将PVC与PET废料混合会使二次加工后的产品颜色变暗,性能下降。因此,研究不经分类(分离)混合二次聚合物材料的回收技术、原理和设备具有重要意义。

7.2.1 聚合物二次材料的粉碎

聚合物二次材料的粉碎是回收利用的一个重要方面,利用聚合物固体粉碎过程的机械化学效应,开发聚合物二次物质回收利用的新技术是该领域一种具有成本效益和环境友好的方法。除了颗粒细化,聚合物固体在破碎过程中还伴随着各种机械化学效应,如力降解、力合成、晶体结构转变或消失,以及玻璃化转变温度的降低。有效利用这些效应可以改善聚合物的加工性能,提高材料的力学性能,制备新型聚合物复合材料。因此,研究聚合物二次材料不同组分之间的机械化学反应及破碎过程中结构和形态的变化,对建立环保、节能以及通过机械化学方法回收废弃聚合物材料的有效二次聚合物回收方法具有重要意义。

热固性聚合物材料、聚合物复合材料和废旧轮胎橡胶的回收是二次聚合物回收中的一项艰巨任务。废弃轮胎大量堆积至今仍是一个难以解决的问题。化学或物理方法(如脱硫和机械破碎制备胶粉)是目前橡胶回收的主要研究方向。其中,二次橡胶常温超细粉碎和低成本、无污染的脱硫技术成为该领域的研究热点。

7.2.2 二次交联聚合物材料机械化学技术

机械化学是一个跨学科的领域,研究由于机械力的影响,处于各种凝聚态的物质发生的化学或物理化学变化。机械化学是一种简单有效的材料制备技术,相关理论和技术是当今材料科学和粉末加工领域最活跃的研究方向之一。超细粉碎是为满足现代化学、电子、生物等新材料、新工艺对原材料细度的要求而开发的一种新型粉碎工艺技术。其应用领域涉及金属、无机材料、有机化合物等高分子材料等各个领域。近年来，基于机械化学和粉碎的二次聚合物材料的回收利用受到了人们的关注。

（1）用于再生二次塑料的固相剪切破碎技术。S3P 粉碎工艺在二次聚合物材料的回收方面也取得了进展。通过 S3P 粉碎含有各种聚烯烃的未分类回收塑料获得的粉末注射成型与回收材料的直接成型相比，具有相当的拉伸强度、伸长率、冲击强度和弯曲强度等机械性能，甚至超过了使用相应新型树脂原材料的传统方法获得的材料。对于再生 LLDPE，由 S3P 粉末制成的试样的伸长率是由再生材料直接形成的试样的 5~6 倍，解决了在使用再生材料过程中伸长率显著降低的问题。含有 PP、PE、PVC、PET 等多种成分的再生塑料，经 S3P 工艺处理后，具有较高的拉伸强度、硬度、弯曲模量和弯曲强度，可与 HDPE 和 LLDPE 新型树脂原料经传统工艺制成的材料相媲美。S3P 工艺在废塑料回收中的另一个非常有意义的例子是，含有 PVC 和 PET 成分的回收塑料经过 S3P 处理后，可以获得均匀且可熔化的粉末。这是回收技术的一个重大进步，因为含有 PVC 和 PET 的混合物不能使用传统方法熔化。由于 PET 的高熔点，当 PVC 远低于 PET 的熔点时，它会发生热分解。通过该技术获得的粉末的粒度范围为 $200\sim1700\,\mu m$。因为无法实现聚合物材料的超细粉碎，也无法粉碎强韧性或温度敏感的聚合物和刚性材料，所以难以进一步细化。

（2）固相剪切挤压破碎技术。该技术的原理是利用压力场、剪切力场和温度场的综合作用，使聚合物材料发生弹性变形和碎裂。在挤出过程中，必须设置 40~135 个端口的多个温度区域并快速冷却。冷却水温度为 8 个端口。在温度梯度场和应力场的共同作用下，橡胶在高压下发生弹性变形。剪切变形下储存的弹性势能的爆炸性释放导致橡胶内部微裂纹的快速膨胀和渗透，最终转化为新形成裂纹表面的自由能，从而导致颗粒细化。通常使用 S3E 技术获得的胶粉的粒度为 $40\sim1700\,\mu m$，以 $200\sim500\,\mu m$ 的粒度占大多数。细胶粉的制备存在显著的局限性，经济可行性有待进一步研究。

7.3　聚合物材料循环的发展趋势

尽管聚合物材料回收是解决聚合物材料污染的有效方法之一，但实际上存在许多问题，比如：回收材料的性能不如原材料；化学循环等再生工艺成本高，缺乏市场竞争力；一些二次聚合物材料含有许多难以去除的杂质，或者各种混合材料难以分离，这使得材料回收工作变得困难。

对于物理循环，相对清洁的聚合物材料容易发生物理循环，如生产废料、大部件废料（如汽车保险杠、门窗框），并且回收材料性能高。然而，回收材料大多与新材料混合,据估计只有不到25%的回收材料可以混合到新的聚合物材料中,而不会对最终材料造成显著的性能损失;同时也可以在新材料(回收材料作为核心材料,新材料作为表面材料或外壳材料)中间合成回收材料,以制造复合瓶、复合板等。然而,污染严重、分离困难、分离不经济的材料往往无法利用;材料的重复循环由于大分子的降解而大大降低了其性能,甚至可能无法使用。

化学循环的主要目的是生产化学原料。为了保证化工设备的安全,对原材料有一定的要求。例如,原料中的卤素含量应低于10mg/kg,重金属含量应尽可能低,以免在石油加工过程中造成催化剂中毒或设备过早损坏。裂解产生的不饱和物质需要立即进行后处理,这对裂解技术提出了很高的要求。此外,经济效益也是制约裂解技术实用化的主要因素。例如,聚苯乙烯可以裂解成苯乙烯,产率为60%~80%,但由于经济效益,它在市场上缺乏竞争力。由于经济效率问题,世界上许多用于化学循环的示范工厂甚至工业化工厂已经关闭。目前,世界上一些废物利用厂的运营依赖于国家或地方政府的优惠政策或规定,例如要求塑料产品的消费者支付一定的额外费用,以支持回收材料的工厂。我国也开发了一些化学循环技术,但由于效率低,无法推广应用。

聚合物材料的广泛应用将导致越来越多的聚合物废物。聚合物材料回收的最终目标是充分利用资源,减少环境污染,这在未来将越来越受到重视,其前景是光明的。随着世界能源资源日益紧张,回收利用显得更加重要。聚合物材料循环的未来工作将主要集中在三个方面。

(1)材料循环的研究,包括分离技术、加工技术的开发和应用产品的开发(如设计可回收产品)。

(2)化学循环研究,其包括解聚和热解两方面的深入工作,包括降解机理研究、现有技术的改进、热解设备的设计和优化等,同时开发热解产品的应用。如果降解产物能像石油产品一样应用于现有的石油加工工艺,就不需要开发专门的新设备来加工这些化学原料,这正是人们所希望的。

(3)开发新的可回收聚合物材料或聚合物材料的新回收技术。

与发达国家相比,我国在高分子材料回收利用方面仍有许多差距,要做好这项工作还有很多工作要做。首先,国家应制定政策,加强废物管理,减少废物产生;材料的使用采用标准化、专业化和标签化,使其易于回收;建立和完善回收网络,对材料进行分类和回收;促进生产部门形成回收意识,并对回收和再利用负责。其次,加强教育,提高国民意识,改变生活方式,减少废物产生,鼓励每个公民自觉协助回收部门做好回收工作,以提高我国的资源回收水平,有效控制环境污染。最后,要加强科技投入,就必须建立专门的研究机构,开展回收技术的研发工作。

8 橡胶的循环利用

随着橡胶工业的发展，二次橡胶的数量也迅速增加，造成了巨大的环境压力。二次橡胶循环利用包含多种方法，如轮胎翻新、胶粉、再生橡胶、热分解和燃料利用。做好二次橡胶的循环利用工作，不仅有利于保护自然环境，也有利于缓解我国橡胶资源短缺的问题[94]。再生橡胶是指二次硫化橡胶和硫化产品的边角料，由弹性状态转变为可通过破碎、加工、机械处理等物理化学过程重新硫化的塑性、黏性橡胶材料。随着橡胶性能的提高，报废后的橡胶制品的回收和处理变得越来越困难。例如，废旧轮胎的成分复杂，含有各种类型的橡胶和重金属，这使得回收和处理更加困难[95]。目前，大多数工业橡胶产品在自然条件下难以在短时间内分解且无害。同时，随着我国工业需求的不断增长，国内合成橡胶的供需缺口逐渐扩大，每年都需要从海外进口大量橡胶。二次橡胶成分丰富，具有较高的再生利用价值，是一种重要的可再生资源。已用轮胎是回收的主要对象，主要由橡胶、炭黑和金属组成。它们具有极高的回收价值，也是生产再生橡胶的主要原料来源之一。

8.1 二次橡胶简介及面临问题

8.1.1 二次橡胶简介

二次橡胶是固体二次材料的一种，主要来源为二次橡胶制品及橡胶制品生产过程中的边角料，其数量在二次聚合物材料中居第二位（仅次于二次塑料）。我国是世界第二大橡胶消耗国，同时也是一个橡胶资源短缺的国家。近年来，我国的二次橡胶循环利用行业有了较大发展，已用轮胎综合利用率已达到70%，常温粉碎和冷冻粉碎处理已用轮胎的技术与设备处于世界领先水平，形成了一批具有一定规模和水平的企业，其中江苏南通回力橡胶集团公司和河北任丘京东橡胶有限公司规模最大。二次橡胶的循环利用有直接利用和间接利用两种方式，间接利用又包括胶粉、再生胶、热分解和燃料利用等几种方式。

橡胶材料硫化后具有黏弹性、高弹性、电绝缘、耐久性和耐溶剂性等优异性能，广泛应用于人们的日常生活和生产中，其中最常用于汽车轮胎和胶鞋。硫化后，橡胶是一种热固性聚合物。由于在硫化和成型过程中分子链之间形成交联键，整个分子呈现空间网络结构。由于分子链之间的交联键，分子链无法移动，使橡胶材料不溶于相关溶剂，加热后无法熔化，使用后难以回收和成型。随着我国工业、农业和交通运输的快速发展，橡胶的消费量正在增加。目前，二次橡胶在二次聚合物材料中的比例仅次于二次塑料，其中废旧轮胎是主要来源。由于二次橡胶的自然分解，废橡胶的数量与橡胶的生产能力非常接近。大量废旧轮胎的堆积和处理不当，不仅造成资源浪费，还严重污染环境，造成"黑色污染"。废旧轮胎的妥善处理和资源回收不仅能够保护环境，也将影响高分子材料行业的可持续发展的未来。

截至 2022 年，全球橡胶产品总量已达 3000 万吨。实现橡胶资源的回收利用，或对二次橡胶产品进行回收改性，不仅可以减少全球橡胶产品的生产和消费，还可以使产品广泛应用于其他领域，具有巨大的经济效益。目前，废橡胶脱硫回收的主要方法是通过物理、化学和微生物方法对其进行硫化和交联，将交联网络结构转化为线性塑料结构。多年来，我国二次橡胶资源回收行业回收了大量二次橡胶产品，通过处理和再利用创造了高产值。二次橡胶的回收和处理方法主要包括原型利用、旧轮胎翻新、再生橡胶生产、硫化胶粉生产、热分解和热能利用。橡胶再生的目的是通过物理和化学手段将橡胶中的多硫化物转化为二硫化物，然后进一步将二硫化物转化为单硫化物，之后切断单硫化物的硫键。在热、氧、机械力和化学再生剂的共同作用下发生反应，从而在一定程度上恢复再生硫化橡胶的塑性，达到再生的目的。与其他回收方法相比，再生橡胶的优点在于其性能好，易于改性，可以生产一些普通的橡胶产品。在天然橡胶中添加一些再生橡胶可以有效地提高混合橡胶的挤出和压延工艺性能。

8.1.2 橡胶行业循环利用现状及面临问题

由于再生橡胶的优异性能和低廉的价格，它被广泛应用于自行车轮胎、汽车轮胎、橡胶软管带和橡胶鞋等传统领域。据统计，动力车轮胎和汽车轮胎是我国再生橡胶制品的主要应用领域。在未来技术水平和市场需求提高的驱动下，再生橡胶产品将渗透到建筑材料、汽车内饰等领域，逐步丰富其应用范围。

我国是一个生胶资源相对紧缺的国家，我国每年再生胶消耗量的 50% 左右需要进口，寻找橡胶原料来源及其代用材料是我国奋斗不息的任务。因此，认真妥善处理好废旧橡胶，对充分利用再生资源、摆脱自然资源匮乏，减少环境污染，改善人民的生存环境具有极为深远的积极意义和现实意义。再生橡胶一直是世界橡胶工业的重要原材料，它一方面可以代替橡胶，缓解了天然橡胶的严重匮乏；另一方面使废旧橡胶实现了回收再利用，解决了废旧橡胶污染环境的问题。

2022 年，我国年生产再生橡胶 165 万吨，占世界再生橡胶总产量的 85%。我国已能够生产包括轮胎、胶鞋、杂胶、浅色、专用、特种、出口七大系列 30 多个品种的再生橡胶产品；全国已有再生橡胶企业 700 多家，从业人数达 10 万人；形成了山西平遥、汾阳，河北玉田、沧州，江苏南通，浙江温州、宁波等几个规模超过 10 万吨级的再生橡胶生产基地；建立了废轮胎回收、拆解、加工、再生和深加工一条龙的产业链。

从我国进口再生橡胶来源分布来看，我国进口的再生橡胶主要分布在东南亚。其中，泰国进口额排名第一，印度第二，其次是马来西亚。我国的再生橡胶出口主要流向美国、韩国、泰国和越南等地区。

大力发展二次橡胶综合利用产业，是我国保护环境、促进橡胶资源再生和综合利用的长期发展战略。再生橡胶已成为国家鼓励和政策支持的重点，其中再生橡胶是目前我国实现二次橡胶综合利用的最重要途径。我国已在江苏、浙江、福建、山东、四川等十大地区形成废橡胶综合利用格局。但产业结构和技术水平存在显著的区域差异，如规模小、制度不健全、设备落后、综合实力弱、技术创新能力不足、转型发展困难；质量标准不完善，技术含量低，附加值低，易产生二次污染。

再生橡胶产业的发展虽然可以达到资源再利用的效果，但再生过程也可能对环境造成一定的危害。根据行业调查，41%的企业在调查制约其生产经营的突出问题时认为环境问题是制约其正常生产经营的主要瓶颈。一些省市和地区实行严格的环境保护措施，妨碍了正常生产。一年下来，他们一直处于"生产-停产-再生产"的间歇性生产状态。环保措施已经加强，只要该地区的空气质量不符合标准，环保部门就会下令关闭。"一刀切"现象相当普遍，导致一些再生橡胶企业产量有限，无法满负荷生产，有些企业甚至年生产时间不足一半。同时，企业资金回收难度加大，账期较长导致资金周转速度放缓，使得企业资金日益稀缺。

8.2　橡胶的回收机理及利用途径

橡胶的相对分子量在 10 万~100 万，在大变形下可以快速恢复变形，并且可以进行改性，即硫化。硫化是指橡胶大分子与硫等物质在一定的温度、压力和时间后发生化学反应，交联形成具有三维网络结构的聚合物弹性体。因此，为了将具有网状结构的硫化橡胶再生为具有线性塑性结构的聚合物材料，有必要选择性地破坏橡胶分子中形成的交联键，即脱硫。橡胶再生的目的是通过物理、化学或其他手段，使硫化橡胶尽可能恢复到未硫化状态，即将橡胶中的多硫化物逐渐转化为单硫化物，并最终切断单硫化物，使其最终成为具有原始橡胶塑性的再生橡胶。由于脱硫过程中橡胶主链与橡胶交联键同时被切断的可能性，主导橡胶性能的结构可能会被破坏，导致再生橡胶的分子量降低，影响其重复使用。因此，在脱硫过程中，有必要尽可能保护 C—C 键本身不受损坏，这样交联键才能选择性地断裂。

8.2.1 二次橡胶的直接利用

直接利用是指将二次橡胶制品以其原始形状或近似原始形状进行利用。以废旧轮胎为例，轮胎修补是直接利用中最有效、最直接、最经济的方式。单次维修后，轮胎的使用寿命一般为新轮胎的 60%~90%，平均行驶距离可达新轮胎的75%~100%。在良好的使用和维护下，轮胎可以多次翻新，总寿命是新轮胎的1~2倍。然而，所使用的原材料仅为新轮胎的 15%~30%。因此，轮胎翻新工作受到世界各国的高度重视。

除了翻新外，废旧轮胎还可以用作人工礁、码头护柱和车辆的缓冲材料。在美国，它也被用作高速公路的隔音墙。此外，二次橡胶还具有防止重金属污染的作用，分析认为这是由于汞、硫等重金属与橡胶产品中的其他化合物发生化学反应所致。

8.2.2 二次橡胶的间接利用

间接利用是指将二次橡胶通过物理或化学加工成一系列产品进行利用，主要有生产胶粉、再生胶、热分解回收化学品和燃烧利用等方式。

8.2.2.1 胶粉

将二次橡胶加工成胶粉进行利用是一种由来已久的方法，目前生产细胶粉已成为二次橡胶再利用的主导方向。硫化胶粉是由硫化橡胶通过物理方法制成的一种小粉末。硫化胶粉经过改性，可用于交通运输和建筑行业[96]。目前，国外发达国家和地区最常见的二次橡胶回收方法是生产再生胶粉。与再生橡胶的生产相比，再生胶粉的生产需要更少的人力和物力，并且不需要添加化学添加剂。生产过程中不会产生"三废"，有利于环境保护。由于我国二次橡胶利用率低，目前我国二次橡胶回收的主要方法是生产再生橡胶。每年约90%的总回收量用于生产再生橡胶，而只有10%用于生产再生胶粉。2019年，国内胶粉产量约为80万吨。2022年，国内粉胶产量约为90万吨。

胶粉的主要生产方法有室温粉碎法、低温粉碎法、湿法或溶液法。在破碎之前，非橡胶成分需要去除和分离，大型产品也需要经过切割和洗涤等处理。在生产胶粉的同时，产品中的纤维和钢丝等非橡胶成分也应回收利用。下面简单介绍一下胶粉的生产工艺。

（1）常温破碎法。室温破碎法是指在室温下利用滚筒或其他设备的剪切作用破碎二次橡胶的方法。该方法是各种胶粉生产方法中最经济实用的一种，是目前国际上生产胶粉的主要方法。一般工艺是先将二次橡胶破碎成约50mm的橡胶块，然后用粗碎机将其破碎成约20mm的橡胶颗粒，并用磁选机和空气分离器将橡胶颗粒中的钢丝和纤维分离。最后，用细碎机将这些胶粒进一步磨碎制成40~

200μm 的胶粉。

（2）低温破碎法。低温破碎法是一种对废旧橡胶在低温下脆化后进行机械破碎的方法，与室温法相比，可以生产出更小粒度的胶粉。目前，液氮是工业上生产胶粉的主要制冷剂，也有使用空气膨胀制冷的方法。

液氮制冷具有以下优点：液氮沸点-196℃，制冷效果好；液氮是一种惰性物质，可以防止材料氧化；液氮原料丰富，无污染；液氮可以直接输入到破碎机中，从而减少了预冷却时间，简化了设备。目前，发达国家和地区普遍采用液氮作为制冷剂进行低温粉碎。采用空气膨胀制冷的低温破碎方法。该技术的基本工艺与液氮低温破碎工艺基本相同，主要采用室温、低温和破碎方法。

（3）湿法或溶液破碎法。一般来说，室温破碎法生产的橡胶粉末的粒度在282μm（50目）以下，低温破碎法生产橡胶粉末的粒径在 74~282μm（50~200目），湿法或溶液法生产橡胶粉的粒度在74μm（200目）以上。最具代表性的湿法或溶液破碎法是由英国橡胶和塑料研究协会开发的名为 RAPRA 的生产工艺。另外，近年来也开发了一些新的溶液方法。

1）高压水冲击破碎法。日本一家企业开发了一种使用高压水冲击轮胎生产胶粉的工艺。这种方法使用内径为 1~2mm 的喷嘴注入压力超过 245MPa 的高压水，冲击整个轮胎，直接将其加工成橡胶粉末，省去了机械破碎所需的各种设备，简化了工艺，降低了能耗，该过程中使用的水可以回收循环利用。

2）室温助剂法。该方法使用溶剂，先将研磨后的胶粉膨胀至一定粒径，再进一步粉碎，制成超细胶粉。这种方法制备的胶体粉末颗粒表面有毛刺，有利于与其他基材结合。

应用胶粉最早的方法是生产再生橡胶。随着细胶粉、超细胶粉、各种改性胶粉的出现，胶粉的应用领域逐渐扩大。目前，胶粉的应用主要有两个方面：一方面是在橡胶工业中，用于直接成型或与新型橡胶材料结合；另一方面是非橡胶行业，主要涉及塑料和沥青等材料的改性应用。近年来，人们开发了许多新的应用，如制备离子交换剂、用于土壤改良和作为轻质工程回填材料等。

由于未改性胶粉的表面惰性，它是一种由橡胶、炭黑、软化剂和硫化促进剂等多种材料组成的交联材料，与主要材料具有不同的表面性质，所以其兼容性通常较差。如果直接或过度填充材料，很容易导致材料性能下降。因此，对胶粉进行表面改性是必要的。常见的改性方法包括机械化学改性、再生脱硫改性、核壳改性、磺化和氯化反应等，可以显著提高胶粉填充产品的性能。

8.2.2.2 再生橡胶

再生橡胶是指切断硫化过程中形成的交联键，但仍保留其原始成分的橡胶。使用传统方法（如油法和水油法）生产再生橡胶存在生产能耗高、"三废"处理困难等缺点，不能满足环境要求。因此，世界各国开始开发微波脱硫和生物脱硫等新工艺，这些工艺很可能成为再生橡胶生产技术的转折点。

二次橡胶的热分解主要是指废旧轮胎的热分解，通过热分解可以回收液体燃料和化学品。废旧轮胎的热分解主要包括热解和催化降解，现有的热解技术主要包括常压惰性气体热解、真空热解和熔盐热解。但无论采用哪种方法，都存在处理温度高、加热时间长、产品杂质高等缺陷。催化降解采用路易斯酸熔盐作为催化剂，反应速度快，产品质量优于热解。总体而言，热分解过程的设备投资相对较高，所获得的燃料和化学品的质量仍需提高，需要进一步研究。

除了热分解过程外，近年来还有一种将二次橡胶和固体燃料联合处理的方法。这种方法不仅适用于橡胶，也适用于塑料等其他聚合物材料；对二次材料的形态等方面没有特殊需要，也不需要对其进行预处理（热解需要将废轮胎预处理成小块）；无须设计专用设备，可直接应用固体燃料加工设备；操作温度（约500℃）也低于热分解过程（900℃），从而降低了成本。另外，二次橡胶的加入也提高了固体燃料的质量。在不同的处理条件下获得的燃气燃油比变化很大，因此可以根据需要改良产品的生产工艺。

8.2.2.3　燃料利用

废旧轮胎是一种高热值材料，其燃烧热约为 33MJ/kg，与优质煤相似，可以代替煤用作燃料。使用用过的轮胎作为燃料，以前使用直接燃烧会造成空气污染，不应提倡。目前，废旧轮胎的燃烧和利用主要用于煅烧水泥、火力发电和参与生产固体二次材料燃料。其中，煅烧水泥是一种对废旧轮胎利用率高的回收方法。在水泥煅烧过程中，钢丝变成氧化铁，硫变成石膏，所有燃料残渣都成为水泥的组成原料。这样既不影响水泥的质量，也不会产生黑烟或臭味，并且没有二次污染。在日本，50%用作燃料的轮胎用于煅烧水泥，日本每年可节省约 1%用于煅烧水泥的重油，约 100 万吨。

可以说，在目前所有的废旧轮胎综合利用方法中，燃料利用是消耗废旧轮胎最多的唯一方法。它具有方便、简单、设备投资低的优点，因此一直是发达国家和地区处理废旧轮胎的重要措施。鉴于目前我国燃料短缺的现状，政府应适当重视二次橡胶燃料的利用。

8.3　我国二次橡胶循环应用举例

8.3.1　已用轮胎的综合利用

（1）直接利用旧轮胎的原始形式。用作港口、码头和船舶的挡泥板、防波堤、浮动灯塔、道路交通墙、路标，以及海洋水产养殖和渔业暗礁、游乐设备等，但使用量很小，不到废轮胎量的 1%。

（2）热分解。废弃轮胎是在高温下从气体、油、炭黑、钢等中分离和提取的。据报道，这种方法可以从 1t 废轮胎中回收 550kg 燃油和 350kg 炭黑。然而，由于投资高，回收成本高，回收材料质量差且不稳定，这种回收方法目前难以推广，需要进一步改进。

（3）翻新旧轮胎。轮胎翻转行业是橡胶行业的重要组成部分，也是资源回收和环保行业的组成部分。翻新旧轮胎不仅可以延长轮胎的使用寿命、节省能源、节省原材料、降低运输成本，还可以减少环境污染，这对企业和社会都是有益的。因此，轮胎翻新作为一个古老而新兴的产业，有着巨大的发展前景。目前，我国有 500 多家轮胎翻新企业，其中 30%以上属于中小企业。每年翻新的轮胎数量约为 400 万个，大大低于世界水平。世界平均水平，即新轮胎与翻新轮胎的比例为 10：1，而我国只有 26：1，尤其是在几乎没有翻新汽车轮胎的情况下。

（4）再生橡胶的生产已经被世界各国采用了 100 多年，它被认为是处理二次橡胶再生的最科学、最合理、最广泛使用的方法。特别是改革开放以来，新工艺、新技术推动了我国再生橡胶行业生产规模的普及和扩大。全国已安装 500 多个动态脱硫罐，基本消除了油法和水油法。现有生产企业约 600 家，产能扩大到 100 多万吨，最高年产量达到 51.2 万吨，是世界上最大的再生橡胶生产国。

（5）生产硫化胶粉。这是一门新兴的材料科学，将环境保护和资源回收相结合，是一种很有前途的回收方法，也是促进我国循环经济发展的最佳利用形式。我国胶粉行业刚刚起步，只有几十家生产企业，年产量不足 5 万吨，尚未形成新兴产业。

8.3.2　橡胶在建筑行业中循环利用

将二次橡胶粉碎成橡胶粉末颗粒，并将其添加到混凝土生产中。在计算出配合比后，将骨料合理地更换为橡胶粉颗粒，然后将其与水泥和沙子混合，可以形成新的建筑材料产品，如橡胶水泥混凝土。

传统的水泥混凝土被称为素混凝土，目前它主要用于所有建筑，但在韧性、延展性和抗疲劳性方面存在缺陷。因此，有必要找到其他方法来加固这些缺陷，比如在混凝土中添加新材料以形成新材料。此外，目前世界各地对二次橡胶的处理方法可能会导致资源浪费。橡胶混凝土作为胶粉颗粒与水泥混凝土的有效结合，不仅为橡胶行业的可持续发展带来了动力，也为建筑业的传统行业注入了新鲜血液。因此，无论是从创新建筑材料还是环保的角度来看，橡胶混凝土的出现都使建筑业和橡胶行业在实现可持续共同发展的道路上更加紧密地联系在一起。

橡胶混凝土中的橡胶颗粒大多是从回收的旧轮胎中粉碎的。橡胶具有低弹性模量和高黏弹性的特性，是一种聚合物材料。橡胶的加入结合了橡胶和水泥混凝土的优点。橡胶颗粒渗入混凝土中，搅拌后迅速填充混凝土中的空隙，取代易挥发的细砂骨料，有效抑制混凝土内部的小裂缝，并逐渐吸收振动能量，提高其抗震系数。同时，由于橡胶颗粒的加入，混凝土在保温、隔热、防滑、降噪等方面都取得了显著的提升。随着人们生活环境和生活质量的改善，人们对舒适、节能、环保的要求也逐渐提高。橡胶颗粒的加入显著降低了混凝土的密度，大大提高了其吸声和隔热效果，这些变化为建筑业的发展带来了美好的前景。总的来说，用橡胶颗粒改性的橡胶混凝土具有许多优点。除此之外，它还具有阻尼高、弹性模量低、韧性好、抗裂性强等优点。这使得这种材料的开发极具意义，并为这种新型建筑材料在建筑行业的发展奠定了基础。

近年来，各国研究人员对橡胶混凝土还进行了隔热、降噪、防滑、除雪等方面的研究。他们从各种可能的角度和方向深入探讨了橡胶混凝土的应用价值和前景。这不仅弥补了建筑行业现有材料的不足，还突出了研发新型建筑环保材料的作用和必要性。橡胶混凝土不仅有效保护我们赖以生存的环境，还显著改善了素混凝土的一些力学性能，弥补了水泥混凝土的一些缺陷。橡胶行业与建筑行业的有效对接遵循了产业生态中循环利用和可持续发展的原则，有效提高了经济效益。这也为其他产业链在环境保护、循环利用和可持续发展方面的合作提供了参考模式，具有深远而广泛的社会效益。

8.4 小结及展望

二次橡胶循环利用产业既能解决环境污染的问题，也能弥补我国橡胶资源不足的缺陷，并且其丰富多彩的产品本身就有着巨大的市场潜力和利润空间。因此，只要国家对此能给予足够的重视和必要的支持，我国二次橡胶循环利用工作的前景必然一片光明。为此提出以下建议：

（1）尽快制定相关法律，使二次橡胶回收工作有法可依，同时也是对此行业加以规范；

（2）在此基础上，国家和地区可限定时间淘汰落后技术，进一步推广节能降耗新技术，引进和消化吸收国外先进技术，鼓励开发具有自主知识产权的新技术，并扩大再生胶、胶粉的应用和深加工技术开发。

相信这些措施将有利于我国二次橡胶回收行业的发展。

9 塑料的回收及利用

9.1 塑料的性质及分类

9.1.1 塑料的性质

废塑料具有质量小、强度高、耐腐蚀、加工方便、美观实用等特点，广泛应用于各个领域。废塑料具有以下特点：

(1) 密度低，储存和运输成本高；

(2) 有许多种类和各种形状，包括袋子、薄膜、瓶子、模塑和泡沫塑料等；

(3) 材料有很多种，很难从外观上确定它们的材料；

(4) 燃烧过程中产生的热量很大。

由于塑料难以自然降解，其造成的环境污染也日益严重。据介绍，全球范围内每年倾倒到海洋和河流中的塑料二次材料破坏了海洋生物的生存环境，并造成大量海洋生物死亡。此外，大量的可塑性次生物质分散在土壤中，影响了土壤的渗透性，不利于作物生长。废塑料的处理也已成为一个全球性问题。传统的深埋法虽然投资低、易于处理，但也存在占用大量土地资源、影响土地渗透性和透水性、破坏土壤质量、影响植物生长等弊端。尽管燃烧法具有还原作用，可以回收一些能量，但它容易产生轻质烃、氮化物、硫化物和其他有毒物质。排放的废气可以通过降雨进入作物和食物链，对人类健康构成威胁。因此，要真正解决我国废塑料的污染问题，就必须按照清洁生产的理念，采取减少浪费、资源化利用等措施。

当前，二次塑料家电和日常塑料制品的回收价格太低或没有人愿意回收，导致塑料二次材料废弃物增多。消费者最常用的塑料袋、钢笔、餐具等，由于回收不方便，一直没有得到很好的回收。其原因有两个方面：一方面是它们太轻，占用空间；另一方面是回收价格太低，没有人愿意收集和回收它们。对于有价值的二次塑料，可以做好收集和回收，如塑料农药瓶、饮料瓶、塑料器具等。总的来说，农村地区的塑料回收相对较好，对环境污染较小，而城市地区的塑料二次回收不好，主要是因为缺乏回收门店。二次塑料的处理通常包括燃烧、产生大量恶臭气体、直接污染空气或将其深埋。总体而言，我国塑料制品回收利用形势不容乐观，需要进一步加强。因此，为了实现塑料制品的回收，需要采取一些措施，比如提高一些塑料家电的回收价格。对于一些难以回收的塑料，也应该提高价格，并强调回收利用。应制定良好的规章制度，限制塑料制品的排放和乱扔。

9.1.2 塑料的分类

二次塑料成分复杂，主要包括聚乙烯（PE）、聚丙烯（PP）、聚苯乙烯（PS）、发泡聚苯乙烯（PSF）和聚氯乙烯（PVC），以及聚对苯二甲酸乙二醇酯（PET）、聚氨酯（PU）和 ABS 塑料等。除了少数废塑料，如塑料制品加工中的过渡材料和边角料，以单一的塑料形式存在并可直接回收外，大多数废塑料以各种塑料的混合物形式存在于固体二次材料中。由于大多数塑料品种不兼容，混合塑料制成的产品机械性能较差，因此废弃塑料在回收前应根据其化学结构进行分类。分类可以基于不同塑料的用途和特性。例如，通过使用目视检查、手感、密度和燃烧等简单方法，可以对聚氯乙烯、聚苯乙烯和聚丙烯等常用塑料进行分类；根据不同塑料之间的密度差异，可以将不同种类的塑料放置在特定的溶液中（如水、饱和盐溶液、醇溶液、氯化钙溶液等），并根据塑料在该溶液中的下沉和漂浮情况进行分类和识别；通过利用不同塑料在溶剂中溶解度的差异，可以使用溶解沉淀法进行分离。其中，溶解沉淀法包括将废塑料碎片添加到特定的溶液中，控制不同的温度，并选择性地溶解和分类各种塑料。此外，当有大量垃圾和碎片时，也可以使用风力筛选技术。这种方法包括将破碎的废塑料从重力筛分室的上方抛向空气中，并将其水平喷射到空气中，利用塑料质量的差异及其对空气的抵抗力进行筛分。

9.2 废塑料处理技术

9.2.1 卫生填埋

二次塑料由于其大分子结构，长期废弃后不易分解腐烂，而且质量小、体积大，可以随风飞行，或在水中漂浮。因此，人们经常利用丘陵洼地或天然洼地建造深埋场所，进行卫生深埋。卫生深埋法具有建设投资低、运行成本低、可回收沼气等优点，已成为世界各国广泛应用的废塑料最终处理方法。如果在深埋过程中合理安排和机械操作，可以大大降低加工成本。一般来说，深埋地面铺有防渗层，用机械压实平整，覆盖土层，种草，建造公园或自然景观，供人们休憩和玩耍。

然而，深埋处理也有严重的缺点。塑料二次材料由于密度低、体积大，占用空间大，增加了土地资源的压力；塑料二次材料难以降解，深埋后会成为永久性二次材料，严重阻碍水的渗透和地下水的循环；塑料中的增塑剂或颜料等添加剂在溶解时也会造成二次污染。同时，这种方法掩埋了大量可回收的废塑料，不利于可持续利用。因此，建议在深埋过程中首先粉碎废塑料及其包装，并掩埋经过综合利用和处理的残留物。

9.2.2 燃烧处置

燃烧回收热能是二次塑料处理的另一种主要方法。燃烧二次塑料的方法具有加工量大、成本低、效率高的优点，主要有以下三种方法。

（1）使用专用燃烧炉燃烧二次塑料回收利用热能，所使用的燃烧炉包括流化床燃烧炉、浮动燃烧炉、转炉燃烧炉等。

（2）将废塑料作为补充燃料与其他燃料混合用于蒸汽生产是一种可行且相对先进的能源回收技术，比如在火力发电厂中使用废塑料作为辅助燃料。

（3）通过氢化或厌氧分解，废塑料被转化为可燃气体或其他形式的可燃物，然后通过燃烧回收热能。目前，日本有近 2000 个燃烧炉，燃烧废塑料回收的热能约占塑料回收总量的 38%；德国有 40 多家废塑料焚烧厂，将回收的热能用于火力发电，约占火力发电总发电量的 6%。废塑料燃烧的主要产物是二氧化碳和水，但随着塑料类型和燃烧条件的变化，也会产生多环芳烃、一氧化碳等有害物质，比如：PVC 会产生 HCl，聚丙烯腈会产生 HCN，聚氨酯会产生氰化物。此外，废塑料中还含有甲醛和铅等重金属化合物。在燃烧过程中，这些重金属化合物会与烟雾和燃烧残留物一起排放，污染环境。因此，有必要搭建排放气体的处理设施，以防止污染。否则，如果这些物质直接进入大气层，其结果将是破坏臭氧层，形成温室效应、酸雨，并危害人类健康。

9.3 塑料循环利用的主要途径

二次塑料的循环利用可分为简单循环利用和改性循环利用。简单循环利用是指将循环利用的塑料制品经过分类、清洗、粉碎和造粒后直接加工成型。改性循环利用是指根据不同二次塑料的特性添加不同的改性剂，将其转化为具有高附加值的有用材料。改性后，二次塑料的力学性能得到改善，可用于生产高档塑料制品。二次塑料的循环利用不仅可以节约和利用资源，降低处理成本，还可以消除或减少二次塑料对环境的影响。近年来，二次塑料的循环利用一直是国内外研究的热点。资源利用方法包括油基再生、高炉喷吹、与煤共焦化和固体燃料热能利用技术（RDF）。

塑料回收是塑料可持续发展的途径之一，通过回收、清洁、分类，然后通过物理或化学方法重新制造塑料原料，并将其应用于纺织、食品饮料包装、家庭建筑材料等领域，为解决塑料污染等环境问题提供了有效途径。塑料回收行业主要分为前端塑料回收、中端塑料回收和后端再生塑料利用三个阶段。前端包括专业回收员和社区回收点；中端参与者包括运营商、设备供应商等；塑料后端回收有许多参与者，包括各种类型塑料产品的制造商。

用木粉填充二次聚乙烯，活化木粉并加入适量改性树脂后，提高了拉伸、弯曲和冲击强度，达到了包装材料所需的强度，这增加了加工后的二次聚乙烯的利用价值。然而，这项技术在现实生活中做得不够好，也没有得到充分实施。二次塑料可以加工、造粒和重复使用。现在市场上有一些二次塑料的回收和加工设备，比如，某塑料造粒机可用于破碎塑料薄膜、编织袋、管材、瓶、桶等二次塑料制品的专用设备。塑料造粒后，使用范围相对较广，可以作为生产其他塑料制品的原料，也可以进一步加工生产其他塑料产品。当然，二次塑料也可以直接作为原料，但还需要找到更多新的发展空间，比如用塑料造粒生产生态房屋、生态道路等。

采用深埋和燃烧处理的方法对二次塑料起到了一定的作用。近年来，二次材料的资源化利用问题受到了全球的关注，如何将有害的二次材料（二次塑料）转化为有效的资源已成为国际上的研究热点。深埋和燃烧处理方法都会产生一定的资源浪费，因此人们开发了塑料二次回收利用的新技术，以真正实现资源的充分利用，充分利用塑料的所有利用能力和价值。塑料回收主要包括物理和化学两种方法。塑料回收是指对消费后的二次塑料进行回收。从塑料二次回收的历史过程来看，它从手工回收、机械回收、热转化，再到化学反应和复杂的化学反应。目前，根据美国材料试验协会（ASTM）的分类标准，塑料回收技术分为四种类型的回收，即物理法、化学法、降解回收和能源回收。

9.3.1　二次塑料的直接利用

二次塑料的直接利用是指对二次塑料进行清洗、粉碎、塑化、直接加工成型而不需要进行各种改性，或者简单地与其他物质一起加工制成有用的产品的过程。国内外对该技术进行了大量研究，产品已广泛应用于农业、渔业、建筑业、工业和日用品等领域。例如，可以将硬质废聚氨酯泡沫精细研磨并添加到手动制备的清洁膏中，制成研磨剂；将废弃的热固性塑料粉碎并研磨成精细材料，然后将其中30%作为填料混合到新树脂中，所得产品的物理和化学性能没有明显变化；将废弃的软质聚氨酯泡沫破碎成所需尺寸的碎片，可用作衬垫填充物和地毯衬垫材料进行包装；粗磨和细磨的皮革塑料可以使用聚氨酯黏合剂连续加工成金属片；将二次塑料破碎造粒可作为炼铁原料，替代传统焦炭，可显著减少二氧化碳排放。

农业薄膜主要包括塑料薄膜和温室薄膜。塑料薄膜主要由 PE 薄膜、PE/EVA 薄膜和 PVC 薄膜组成。回收时，应区分 PE 和 PVC 薄膜。农用薄膜一般是脏的，通常含有土壤、沙子、草根、钉子、铁丝等，因此有必要去除铁杂质并进行清洁。回收后，下次需要时可以直接使用，这是因为这些塑料有一定的强度，有一定的循环次数。如果直接扔掉会造成资源浪费，污染环境，但是这些塑料的市场回收价格很低，回收会占用大量空间。

9.3.2　二次塑料的改性利用

通过改性后，塑料的性能可以得到很好的改善，从而使二次塑料再生利用。二次塑料可以通过物理改性或者化学改性来实现。二次塑料直接再生利用的主要优点是工艺简单、再生品的成本低廉。然而，它的缺点是回收产品的机械性能显著下降，不适合生产高端产品。物理改性包括添加填料、添加玻璃纤维、合成纤维，或者与其他弹性体进行混合等。这可以改变和提高塑料的收缩、耐热、抗疲劳、抗蠕变、抗拉强度和抗老化性能。化学改性通常包括氯化改性、交联改性和接枝共聚改性。当然，物理和化学改性可以同时进行，以提高塑料的性能。为了提高二次塑料再生材料的基本力学性能，满足专业产品的质量要求，研究人员采用了各种改性方法对二次塑料进行改性，以达到或超过原塑料产品的性能。常用的改性方法有物理改性和化学改性。

9.3.2.1　物理改性

二次塑料的物理改性主要包括以下几个方面。

(1) 活性无机颗粒的填充改性。在二次热塑性塑料中添加活性无机颗粒可以降低塑料制品的成本，提高温度性能，但添加量必须适当，并用高性能表面活性剂处理。

(2) 二次塑料的增韧改性。通常使用具有柔性链的弹性体或共混的热塑性弹性体进行增韧改性，比如将聚合物与橡胶、热塑性塑料、热固性树脂等共混或共聚。近年来，出现了使用刚性颗粒进行增韧和改性的情况，主要包括刚性有机颗粒和刚性无机颗粒。常用的刚性有机颗粒包括聚甲基丙烯酸甲酯（PMMA）、聚苯乙烯（PS）等，而常用的刚性无机颗粒是 $CaCO_3$ 等。

(3) 增强改性。利用纤维进行增强改性是聚合物复合材料领域的发展热点，可以将通用树脂改性为工程塑料和结构材料。再生热塑性塑料（如 PP、PVC、PE 等）经过纤维增强改性后，其强度和模量可以超过原树脂。纤维增强改性具有广阔的发展前景，拓宽了二次塑料的回收利用途径。

(4) 回收塑料的合金化。两种或多种聚合物在熔融状态下混合，形成一种称为聚合物合金的新材料，主要方法包括纯共混、接枝改性、反应性增容和互穿网络聚合。合金化是塑料工业中的一个热点，也是提高聚合物性能的重要途径。

9.3.2.2　化学改性

化学改性是指通过接枝、共聚等方式，或通过交联剂等进行交联，或通过成核剂和发泡剂进行改性，使二次塑料具有高抗冲击性、优异的耐热性、耐老化性，用于回收。目前，我国在这方面已经开展了大量的研究工作。利用化学改性方法将二次塑料转化为其他具有高附加值的有用材料已成为二次塑料回收技术的研究热点，并取得了越来越多的成果。

9.3.3 二次塑料分解产物的利用

9.3.3.1 二次塑料的热分解

热分解技术的基本原理是将二次塑料产品中原有树脂聚合物的大分子链完全分解，使其恢复到低摩尔质量状态，获得具有较高使用价值的产品。不同类型塑料的热分解机理和产物各不相同。常用的热解和回收技术包括高温裂解、气化、降解等过程。通过热解技术可以获得的最终产品通常有两类：一类是化学原料（苯乙烯、乙烯、丙烯等）；另一类是燃料（汽油、煤油、柴油等）。二次塑料热解涉及在没有氧气或低氧的密封容器中加热已清除杂质的塑料，使其分解为低分子量化合物。热解的基本原理是将塑料制品中的高分子彻底分解成大分子，使其恢复到低分子量或单体状态。

热解所需的温度取决于塑料的类型和回收的目标产品。如果温度超过600℃，热解的主要产物是混合燃料气，如 CH_4、C_2H_4 等轻烃。在 400~600℃时，主要热解产物为混合轻烃、石脑油、重油、煤油和含蜡固体；聚乙烯和聚丙烯的热解产物主要是燃料气和燃料油；PS 的热解产物主要是苯乙烯单体。日常生活中一次性餐盒的主要成分为聚苯乙烯，在高温下很容易分解成芳香化合物。这不仅不会对环境造成污染，还可以生产苯乙烯、甲苯和乙苯等化学原料。热解后，二次塑料可以产生其他可用的产品，具有更大的使用价值，这增加了回收和价值的可能性。

PE 和 PP 的热分解主要以无规链断裂的形式进行，热分解产物中几乎没有相应的单体，其热分解伴随着解聚和无规断链反应；聚氯乙烯的热分解首先包括去除氯化氢，然后在更高的温度下断链，形成碳氢化合物。废塑料的热分解过程可分为高温分解和催化低温分解。前者一般在 600~900℃ 的高温下进行，后者在450℃ 以下的较低温度下进行，两者的分解产物不同。用于废塑料热分解的反应器包括塔式、炉式、槽式、管式炉、流化床和挤出机。这项技术是一项更彻底的二次塑料回收技术。高温裂解回收原油的方法要求设备投资高，回收成本高，反应过程中焦化，限制了其应用。然而，催化低温分解由于其在相对较低的温度下的反应而得到了积极的研究，并取得了一定的进展。

9.3.3.2 二次塑料的化学分解

化学分解是指二次塑料的水解或醇解（醇解、甲烷解、乙二醇水解等），可以使塑料通过化学分解成为单体或低分子量物质，再次成为聚合物合成的原料。化学分解产物均匀，易于控制，不需要分离纯化，且生产设备投资低。然而，化学分解技术对二次塑料预处理中使用的清洁度、品种均匀性和分解试剂的要求很高，因此不适合处理混合二次塑料。目前，化学分解主要用于极性二次塑料，如聚氨酯、热塑性聚酯和邻苯二甲酸胺。

9.3.4 可降解塑料的开发

可降解塑料是塑料家族中一种具有降解功能的新型材料。在使用之前或使用期间，它们具有与类似的普通塑料相似的应用和卫生性能。在完成其使用功能后，它们可以在自然环境条件下迅速降解为易于消化的碎片，并随着时间的推移进一步降解为二氧化碳和水，最终回归自然。目前，生物降解塑料主要包括光降解塑料、生物降解塑料，以及同时具有可控光降解和生物降解功能的塑料。目前，热解技术和气化技术已应用于混合塑料二次材料的工业应用。热解设备产品主要由油和蜡组成，规模一般较小，为 1 万~2 万吨/年。

9.3.4.1 光降解塑料

国外对生物降解塑料的研究较早，首先是技术最成熟的光降解塑料。光降解塑料是一种将光敏基团或光敏物质引入聚合物中，使其在吸收太阳紫外线后发生光化学反应，导致大分子链断裂并形成低分子量化合物的塑料。按其制备方法可分为合成型和添加剂型两种。前者主要通过共聚反应在聚合物主链上引入碳基光敏基团，赋予其降解性。基于 PE 的光降解聚合物有很多研究，这是因为 PE 可以降解成相对分子量小于 500 的低聚物，并且可以被土壤中的微生物吸收和降解，具有很高的环境安全性。后者是通过在通用聚合物中加入光敏剂来制备的。在光的作用下，光敏剂可以离解成活性自由基，从而引发聚合物分子链的链式反应，实现降解。光降解塑料的降解受到紫外线强度、地理环境、季节性气候和作物品种等因素的极大限制，难以准确控制降解速率，这在一定程度上限制了其应用。近年来，国内外对纯光降解塑料的研究逐渐减少，主要集中在生物可降解塑料和光降解塑料上。

9.3.4.2 生物降解塑料

生物降解塑料是指在一定条件下，通过生物侵蚀或代谢可以降解的塑料，降解机理为生物物理和生物化学反应。可生物降解塑料经过降解后，可以更好地满足保护自然的要求，避免二次污染，达到降解塑料的最终目的。因此，这种类型的材料非常受欢迎。生物降解塑料根据其降解特性可分为完全生物降解塑料和破坏性生物降解塑料，根据其来源，可分为微生物合成材料、天然高分子材料、化学合成材料、共混材料等。微生物合成聚合物是通过生物发酵方法制备的一类材料，主要包括微生物聚酯和微生物多糖。微生物合成中最典型的降解材料是丁酸和戊酸的共聚物（PHBV）。该类产品具有较高的生物降解性、良好的热塑性，易于成型和加工。然而，在耐热性和机械强度方面仍然存在问题，并且其成本太高而不能很好地应用。

化学合成的材料大多是分子结构中引入冷基结构的脂肪族聚乙酸酯，在自然界中容易被微生物或酶分解。目前开发的主要产品包括聚乳酸（PLA）、聚己内酯（PCL）、丁二酸丁二醇酯（PBS）等。对于这类可降解塑料，仍需研究如何控制其化学结构以实现完全分解。此外，成本也是一个不可忽视的问题。天然高分子材料是由淀粉、纤维素、甲壳素、蛋白质等天然高分子材料制成的一种可生物降解材料。这类物质来源丰富，可完全生物降解，产品安全无毒，因此越来越受到重视。然而，其热性能和力学性能较差，无法满足工程材料的性能要求。因此，目前的研究方法是通过天然聚合物改性获得有价值的天然聚合物降解塑料。

9.3.4.3 光-生物降解塑料

光-生物降解塑料是一种将光降解和生物降解相结合的塑料，是降解的理想材料。该方法不仅克服了光照不足导致降解不好、降解不完全的缺陷，还克服了生物可降解塑料加工复杂、成本高、推广困难的缺点。因此，它是近年来应用领域中发展迅速的一项技术。制备方法是在一般高分子材料（如 PE）中加入光敏剂、自动氧化剂、抗氧化剂和生物可降解添加剂作为微生物培养基。光生物降解塑料可分为淀粉类和非淀粉类。目前，使用淀粉作为生物降解添加剂的技术相当普遍。可降解塑料的研发是控制"白色污染"的必要辅助手段。然而在我国，大规模推广应用仍然依赖于可降解塑料可燃技术和堆肥技术的改进。因此，在研究可降解塑料的同时，有必要强调增加材料的可燃性（即减少塑料二次材料燃烧对大气的二次污染），以及提高聚合物材料的可堆肥性和可降解材料的可回收性。近年来，可降解与可燃相结合的技术已发展成为实现二次塑料综合处理的技术方法之一。通过表面生物活化处理，加入 30% 以上的超细碳酸钙，不仅可以促进生物降解，还可以减少光敏剂的用量，降低成本，便于二次塑料燃烧和掩埋的综合处理，达到节约资源的目的。

9.4 塑料回收行业发展现状

PS 和 PET 塑料具有广泛的应用场景，并且易于回收。据统计，2021 年全球再生塑料产量为 6400 万吨，预计到 2025 年产量将达到 11700 万吨，2020—2025年复合年增长率为 16.3%。再生塑料价格方面，参照 2022 年 10 月再生 PS 塑料的平均价格，为 8500 元/t；在再生 PET 方面，假设非食品级再生 PET 和食品级再生聚酯的消费比例为 8∶2，参照 2021 年非食品级回收 PET 塑料的平均价格 4540 元/t，食品级再生 PET 的价格是按照目前的 15000 元/t 和 2023—2025 年的 12000 元/t 计算的。预计到 2025 年，再生 PS 和 PET 市场总规模将达到 1200 亿元。全球发达国家和地区及大型企业都开始重视可再生塑料的应用。欧洲要求包装二次塑料的回收率到 2025 年达到 50%，到 2030 年达到 55%。共有 21 家大型企业承诺到 2025 年将彻底消除有问题或不必要的塑料包装，用可重复使用的包装取代一次性包装，并使用 100% 可重复使用、可回收和可堆肥的塑料包装，还承诺到 2025 年将回收材料添加到塑料包装中的比例。预计该政策将推动再生塑料的需求和行业的快速发展。

我国再生塑料行业拥有最完整的产业链、最精细的分工、最丰富的行业经验、最全面的产品应用、最多元的运营模式。据我国材料回收协会估计，从 2017 年到 2019 年，我国废塑料回收量将继续稳步增长。2020 年，受新冠疫情影响，我国废塑料回收将大幅下降至 1600 万吨左右。2021 年，我国废塑料回收量达到 1900 万吨，同比增长 19%，回收率达到 31%，是全球废塑料平均回收率的近 1.74 倍，回收能力约占全球 70%。在产值方面，据统计，截至 2021 年，我国塑料回收产值 1050 亿元，同比增长 32.9%。2022 年，我国总体废塑料回收总量为 1800 万吨，同比下降 5.3%。我国从未将废塑料运往其他国家和地区，当地处理率达到 100%。此外，自 20 世纪 90 年代以来，我国还对世界各地的废塑料进行了处理。仅 2013—2017 年，我国就处置进口废塑料 3666 万吨，为治理全球废塑料污染作出了巨大贡献。自 2018 年"垃圾禁令"时代开始以来，进口废塑料回收市场几乎没有流通。

发展再生塑料是缓解塑料污染、实现碳减排的有效途径。塑料具有稳定的化学结构，很难自然降解。其使用和处置不当造成了严重的环境污染和重大的资源浪费。一些二次塑料在燃烧过程中释放出大量有毒气体，产生大量灰尘和烟雾，严重污染大气环境，产生大量温室气体。据统计，再生塑料的能耗和二氧化碳排放量远低于原生塑料。以 PET 为例，一般来说，与生产天然 PET 相比，回收 PET 可减少 58.8% 的碳排放；根据北京石油化工学院发布的《我国塑料的环境足迹评估》，每吨再生塑料造粒仅排放 0.6t 二氧化碳。回收塑料不仅减少了二次材料的处理量，而且提高了塑料产品的环境友好性。

塑料加工业是我国轻工业的重要组成部分。据统计，21 世纪初以来，我国塑料制品增长了 8 倍，约占世界总产值的 20%，位居世界第一。2021 年，塑料销售超过 8000 万吨，同比增长 5.27%。

9.5 我国塑料循环利用发展建议

塑料回收是一个利国利民的朝阳产业。它不仅有效地利用了资源，而且保护了环境，减少了白色污染。二次塑料也有大量的能源，需要通过更先进的技术合理开发和利用。在我国，二次塑料的回收利用存在许多问题。回收一些二次塑料的成本太高，还有一些二次塑料很难回收。因此需要进一步改进和推广回收技术，也需要一些企业的积极合作；同时也需要依靠某些措施或法律来规范二次材料的合理排放，以降低回收成本。

目前，许多国家在废塑料的回收利用中遵循资源化、减量化和无害化处理的基本原则。发达国家和地区处理废塑料的"3R"战略值得借鉴，即塑料制品的减量（reduce）、再使用（reuse）和塑料二次材料的循环利用（recycle）。面对全球气候变化和国内外双碳驱动的形势，在国家层面，提高资源利用率、减少污染排放是实现节能减排的重要途径，也是启动循环经济发展的必由之路。相关法规和政策是指导相关企业的有效指南。同时，每回收 1t 废塑料相当于减少 1.5 ~ 2.2t 碳排放。在双碳政策的强烈要求下，塑料回收成为政策的风向标。近年来，我国塑料污染治理取得了一定成效，但仍处于初级阶段。塑料污染全链条治理涉及塑料原料和产品生产、流通、使用、回收的全过程和全环节，需要不断深化、系统推进。要加强促进再生材料使用的政策，促进产业链各环节进一步协作，鼓励开发绿色高效的废塑料回收技术，加快化学回收新技术产业化。

9.5.1　塑料循环利用相关政策

（1）加强促进使用再生材料的政策。尽管近年来我国相关政策法规密集出台，但往往以规划和意见的形式提出。与法律法规相比，其执行力和约束力仍然相对较弱，对塑料制品中再生塑料的添加量没有强制性要求或明确比例，无法促进品牌商家对再生塑料的需求。建议国家出台以某些塑料产品为切入点的政策，明确回收材料的使用比例，培育国内回收材料市场，加快绿色高效回收技术攻关和化学回收新技术产业化步伐。

（2）鼓励发展绿色高效的回收技术研究。为了最大限度地发挥废塑料回收的减污、减碳和节能效果，建议加快开发大规模、低成本、高效的回收分拣技术，以及不同质量的塑料二次材料的回收利用技术，以实现梯级回收的目标。针对相对纯的塑料二次材料，开发环保、优异的产品性能和可重复使用的物理回收技术，如高效提取技术。开发一系列绿色高效的低残留和混合塑料二次材料化学回收新技术，包括热解新技术、废塑料中 Cl、S、N 等杂质去除技术、定向转化和可回收催化体系等。形成规模化、连续化、柔性化的产品解决方案，以及环保高效回收系列技术，实现"废塑料回收分拣物理回收"与"废塑料再生分拣炼油深加工"废塑料回收系统的深度融合，打通塑料回收技术闭环。

（3）加快化工回收新技术产业化。新形势下，国内外大型能源化工企业都在积极从事废塑料回收的研发和产业布局。一方面，我国能源化工企业应加快关键技术的研发，积极与行业领先企业合作，加快评估相关技术的规模、可行性和经济性；另一方面，尽快选择 1~2 家小规模炼油厂进行试点改造，形成可复制、可推广的模式。同时，要加强规划布局，通过自建或合作的方式，在城市主要炼油厂附近建立回收网点，确保性质和数量相对稳定的废塑料原料供应。应建立"原料-产品-回收-深加工再生产品"的全产业链模式，加快工业化步伐，作为物理回收的有效补充和深埋燃烧的替代方案，将进一步提高我国塑料污染控制水平。

9.5.2 塑料制品与环境保护的和谐发展

塑料制品相对容易加工，能耗较低，而且大部分可以回收和再利用。该产品具有许多优点，应用范围广泛，值得推广和使用。一些产品取代了传统产品，为环境保护作出了重大贡献。例如，合成革/人造革已经取代了真皮，皮革制革对环境污染很大，而合成革/人工革的生产过程对环境的破坏相对较小；防渗材料在二次材料场建设中为防止环境污染作出了巨大贡献，塑料制品为减少人类对环境的破坏和降低能源消耗作出了贡献。这是社会进步的结果。当然，塑料制品的使用不当、过度使用和不科学应用也会对环境造成危害。因此应该研究并防止这种情况的发生，这样塑料制品才能在环境保护和节能方面发挥积极作用。

目前，二次塑料回收的主要问题是：人们缺乏环保意识；对二次塑料回收利用认识不足；国家缺乏支持二次塑料回收的具体政策；环保部门和行业协会的作用尚未得到充分发挥，仍需制定法律法规，建立市场准入机制。材料回收技术的工作还应与环境法规的制定和二次材料回收系统的建立相协调，因此这也是一项系统工程。塑料二次材料的处理和回收必须坚持四个原则，即减少来源、重复利用、回收利用和循环利用。

目前，国外主要采用燃烧热能的方法处理二次塑料，同时使用清洁装置处理无法使用的废气和矿渣。但近年来，日本和欧洲国家分别对汽车二次塑料的利用提出了要求，并规定了具体年份。政府高度重视促进二次塑料在汽车中的利用。美国福特汽车公司目前正在回收汽车塑料，并将其与细石混合用于道路铺设，这无疑为各国汽车塑料的"废物利用"提供了极好的启示。二次塑料再生利用技术已逐渐成为国外的热点和产业。专家们一致认为，二次塑料的回收、再生和利用应从源头入手。科学选择汽车新零部件和新产品的材料，使材料品种更加集中统一，通过精准分类和整体回收，促进塑料的回收利用。国外现在已经开始在材料设计和生产实践中倡导材料综合应用的理念，以充分提高材料的应用率。

随着我国汽车工业的快速发展，还应采取相应措施解决二次塑料造成的环境污染问题，如建立研发基地和示范项目、培育大型废旧材料回收企业集团等，以避免新技术和新材料的开发对环境造成无法弥补的损害。如今，塑料工业的可持续发展围绕着"塑料与环境"这一中心展开。因此有理由相信，通过提高人们的环保意识，制定相关政策法规，加强塑料二次材料的回收利用，可以促进塑料行业的技术进步，促进环境保护，提高资源利用效率，造福未来人类事业。今后，有关部门应积极推进塑料的环境标识工作，以及塑料产品环境认证工作，加大力度宣传塑料二次回收利用和环境保护的重要性。保护赖以生存的地球和环境，促进塑料制品生产与环境保护的和谐发展。

9.5.3 二次塑料循环利用市场前景

随着塑料在汽车中的使用越来越多，再加上人们对环境保护意识的提高及他们面临的全球能源和原材料危机，如何处理和利用这些二次塑料将是世界面临的重大挑战。回收、再生和利用废旧汽车塑料的任务将非常具有挑战性。无论是从充分利用地球资源的角度，还是从环境保护的角度，都有必要积极开展汽车二次塑料回收技术的研究。二次塑料应用广泛，不仅显著降低了塑料制品成本，还创新生产许多新产品，具有很大的市场发展前景。例如，塑料木制品用于建筑材料、铁路枕木、界桩、隔音板、井盖、简单农产品、家具和装饰。一些塑料也可以用作涂层材料，PET 饮料瓶膨胀后可以用作食品和饮料瓶，也可以用作钢铁厂的还原剂；它在日本用于发电，在挪威用于修建高速公路，在美国用于制造铁路枕木。简而言之，废塑料有很多用途，并且越来越多地等待开发和利用。据了解，目前我国二次塑料应用市场非常火爆，市场价值超过 1000 亿元。近年来，塑料原材料的价格上涨对这个市场起到了巨大的推动作用，二次塑料的价格大幅上涨。相对纯的 PE 和 PP 再生材料的价格几乎接近涨价前的原材料价格水平。另外，据相关人士透露，除了一次性塑料袋和快餐盒外，在大城市的二次材料中几乎找不到塑料制品。这表明二次塑料的回收率很高。但不可否认的是，一些二次塑料进入食品包装领域是不合适的，应该被严格禁止。这个问题应该受到社会各界的高度重视。

10 玻璃的循环利用

随着科学技术的快速发展和人们生活水平的日益提高，玻璃不仅广泛应用于房屋建筑和日常生活中，而且已经发展成为科学研究、生产和尖端技术不可或缺的新材料。同时，不可避免地会产生许多玻璃二次材料。以玻璃厂为例，在正常生产条件下，由原平板玻璃切割而成的角玻璃占玻璃总产量的 15%~25%，其中相当一部分是定期停产生产的二次玻璃，占玻璃产量的 5%~10%。二次玻璃和玻璃制品在运输和使用过程中的损失很难从数量上估计。玻璃垃圾是玻璃纤维工业生产过程中不可避免产生的一类玻璃垃圾，其产生量一般占玻璃纤维产量的 15%左右。人们日常生活中丢弃的玻璃包装瓶和破碎的玻璃窗碎片也是二次玻璃生产的来源之一。玻璃物质具有稳定的化学性质，不会腐烂，不会燃烧，也不会降解。大量的二次玻璃不仅给人们的生产生活带来不便，也给环境带来负担。因此，如何进行二次玻璃的资源化利用已成为当今亟待解决的问题。

回收 1t 二次玻璃可节约石英砂 720kg、纯碱 250kg、长石粉 60kg、煤炭 10t、电力 400kW 时。将 1t 二次玻璃返回熔炉后，可以再生 20000 个 500mL 的瓶子，与使用新的生产原料相比，节省了 20%的成本。回收一个玻璃瓶所节省的能量可以点亮一个 100W 的灯泡大约 4h，运行电脑 30min，观看 20min 的电视节目。二次玻璃的回收再利用不仅可以为环保部门节省处理成本和土地，还可以减少环境污染。据权威机构介绍，当使用碎玻璃含量占配合料总量的 60%时，可以减少 6%~22%的空气污染。

10.1 我国二次玻璃循环利用现状

二次玻璃是指玻璃、玻璃制品、玻璃纤维和其他不再被所有者使用并被丢弃或废弃的玻璃材料，包括所有玻璃和玻璃制品。二次玻璃按来源可分为日用二次玻璃（器皿玻璃、灯泡玻璃等）和工业二次玻璃、平板玻璃、玻璃纤维等。据保守估计，在日常生活中，二次玻璃占二次材料总量的 5%。数据显示，2016 年前，我国二次玻璃回收量保持在 850 万吨左右，2017 年以来回收规模已增至 1000 万吨。经过分拣和清洗，一部分回收的二次玻璃经过挑选后可以直接重复使用。那些不能直接重复使用的被送往回收和加工厂，然后返回熔炉，重新制成玻璃产品。

　　然而，二次玻璃市场在 2016 年之前一直处于长期衰退状态。相关数据显示，2014 年，我国 22% 的二次玻璃回收企业处于亏损状态，亏损超过 37 亿元。其中，主要原因是供应超出预期，市场整体低迷，下游房地产等行业对玻璃的需求减少。此外，再加上新增产能的影响，新产能的价格并不高，因此对二次玻璃没有迫切的需求。2017 年后，行业效应明显改善；2019 年，二次玻璃回收产值达到 39.4 亿元。在政策方面，《固体废物污染环境防治法》（2020 年修订）明确，固体废物污染的防治坚持减量化、资源化、无害化的原则，并对二次材料的分类和回收利用作了进一步规定。在政策引导下，固体废物回收利用水平和塑料回收利用比例将显著提高，有利于废物回收市场的进一步发展。

　　我国的二次玻璃回收主要包括玻璃厂对边角废料的回收和酒厂对酒瓶的回收。利用二次玻璃生产再生玻璃是我国二次玻璃利用的主要途径。欧美发达国家和地区的二次玻璃回收率已达到 80% 以上，但目前我国二次玻璃的回收率基本在 50% 左右。目前二次玻璃回收率低的主要原因是二次玻璃质量大、有边缘、难以收集和运输。此外，还有许多类型的玻璃颜色，如透明、棕色、绿色和黑色，其中含有各种微量添加剂。要回收再利用，必须首先对这些颜色的二次玻璃进行分类，这进一步增加了回收的难度。

　　二次玻璃作为一种二次材料，是一种不能燃烧、不能在深埋中自然降解，也无法通过一般物理和化学方法分解和处理的材料。此外，由于玻璃制造和加工的原因，二次玻璃中含有锌、铜等重金属，对土壤和地下水造成污染。另一个问题是，玻璃很容易破碎，如果一个生物试图吞下或舔舐玻璃碎片上剩余的食物或饮料，它可能会受到严重伤害。因此，二次玻璃的回收利用是一个重要的环境问题。

10.2　玻璃的理化特性

　　现在使用的玻璃是由石英砂、碳酸钠、长石和石灰石在高温下制成的一种通过在冷却过程中逐渐增加熔体的黏度而获得的无定形固体材料。玻璃材料本质上脆弱而透明，常见的玻璃有石英玻璃、硅酸盐玻璃、钠钙玻璃、氟玻璃等。玻璃通常指硅酸盐玻璃，是由石英砂、碳酸钠、长石和石灰石混合，再经高温熔融、均化、加工和退火制成。广泛应用于建筑、日用、医疗、化学、电子、仪器仪表、核工程等领域。

10.2.1　玻璃的分类

　　玻璃的简单分类主要分为平板玻璃和特种玻璃。平板玻璃主要分为引上法平板玻璃（分有槽/无槽两种）、平拉法平板玻璃和浮法玻璃。由于浮法玻璃厚度均匀、上下表面平整平行，以及劳动生产率高、易于管理等因素，浮法玻璃正成为玻璃制造方法的主流。

玻璃通常根据其主要成分分为氧化物玻璃和非氧化物玻璃。非氧化物玻璃品种和数量较少，主要包括硫基玻璃和卤化物玻璃。硫基玻璃中的阴离子主要是硫、硒、碲等。它们可以切断短波长光线，穿过黄色、红色和近红外光；同时，它们具有低电阻且具有开关和记忆特性。卤化物玻璃具有低折射率和低色散，并且通常用作光学玻璃。氧化物玻璃分为硅酸盐玻璃、硼酸盐玻璃、磷酸盐玻璃等。硅酸盐玻璃是指以 SiO_2 为基本成分的玻璃，种类繁多，用途广泛。

此外，根据性能特点，玻璃可分为钢化玻璃、导电玻璃（用作电极和飞机挡风玻璃）、微晶玻璃、多孔玻璃（即泡沫玻璃，孔径约 $40\mu m$，用于海水淡化、病毒过滤等）、乳浊玻璃（用于照明设备和装饰物品等）和中空玻璃（用作窗户玻璃）。

10.2.2 二次玻璃分选方法

二次玻璃回收主要包括收集被污染的二次玻璃，并将其浓缩处理，以获得合格可用的二次玻璃。该过程包括首先清洁受污染的玻璃，然后根据需要将其压碎至适当的颗粒尺寸，然后从二次玻璃中去除金属、石头、土壤、陶瓷等杂质。最后进行颜色分类，将不同颜色的二次玻璃分别堆放回收。二次玻璃分离有三种常见的方法，即空气分离、光学分离和重介质分离。空气分离方法是利用玻璃的密度对比度，从破碎到一定粒度的二次材料中挑选出玻璃。当破碎的物体被空气吹起时，低密度的物体随着气流向上漂浮，而高密度的物体则下降到底部，从而相互分离。这是最常见的分离方法。

10.2.3 玻璃的生产工艺及二次玻璃的主要资源化利用途径

10.2.3.1 玻璃的生产工艺

玻璃生产的主要原料是玻璃成型剂、玻璃调节剂和玻璃中间体，其余为辅助原料。主要原料是指通过引入玻璃形成的氧化物、中间氧化物和网络外的氧化物；辅助原料包括澄清剂、助熔剂、着色剂、脱色剂、遮光剂、氧化剂和还原剂等。

玻璃生产工艺主要包括：

（1）原料预处理，将块状原料粉碎，将潮湿的原料干燥，并从含铁原料中除铁，以确保玻璃配料的质量；

（2）配料与融化，按设计成分配比好的原料在坩埚窑中在高温下加热，以形成符合成型要求的均匀、无气泡的液态玻璃；

（3）成型，将液态玻璃加工成所需形状的产品，如平板、各种器皿等；

(4) 热处理，通过退火、淬火等工艺，可以消除或产生玻璃内部的应力、相分离或结晶，并且可以改变玻璃的结构状态。

10.2.3.2 二次玻璃的主要资源化利用途径

二次玻璃的回收方法多种多样。二次玻璃经过分类、筛选、加工，可作为对原材料质量、化学成分和颜色要求较低的玻璃制品的原材料，如彩色瓶罐玻璃、玻璃绝缘体、中空玻璃砖、槽形玻璃、压花玻璃、彩色玻璃球等；也可加工成泡沫玻璃、固体玻璃珠、硅玻璃陶瓷复合材料、玻璃马赛克等玻璃制品；还可以用作建筑材料的主要添加剂，如石英石板、人造大理石和人造花岗岩。此外，二次玻璃粉可作为塑料、橡胶、颜料等材料的填料；玻璃粉可用于橡胶生产，以提高其硬度和耐磨性，如用作楼梯表面层和制造制动带等。

（1）玻璃原料。作为玻璃生产原料的二次玻璃的收集、分选和处理已成为二次玻璃回收利用的主要途径。二次玻璃可用于生产对化学成分、颜色和杂质要求较低的玻璃产品，如彩色瓶玻璃、玻璃绝缘体、中空玻璃砖、通道玻璃、压花玻璃和彩色玻璃球。这些产品的二次玻璃含量（质量分数）一般在30%以上，绿瓶产品的二级玻璃含量（质量分数）可达80%以上。如果我国50%（质量分数）的二次玻璃被回收，每年可节省360万吨硅质原料、60万吨纯碱和100万吨标准煤。

（2）涂料原料。日本一家木纤维板公司使用二次玻璃和废轮胎粉碎成细粉末，按一定比例添加到涂层中，以代替涂层中的二氧化硅等材料。将回收的空玻璃瓶破碎并研磨成安全边缘的过程，形成与天然砂粒形状几乎相同的碎玻璃，然后将其与等量的油漆混合。并赋予它以前涂层所不具备的纹理和图案。这种涂料可以制成水溶性汽车涂料。使用这种混合二次玻璃涂层的物体在暴露于车灯或阳光下时会产生漫反射，具有预防事故和装饰的双重效果。

（3）玻璃沥青。玻璃沥青是30%的沥青和70%的二次玻璃碎片作为骨料的组合。使用二次玻璃作为沥青道路的填料，可以混合玻璃、石头和陶瓷，而无须进行颜色分类。将玻璃垃圾和二次材料的处理场设置在道路施工设备附近，可以节省包装和运输成本。与使用其他材料相比，使用玻璃作为道路填料可以减少车辆横向滑动造成的事故，其光线的反射也适当，路面膜材状况也良好，在冬季雪融化得更快，适合在低温地区使用。

（4）建筑面砖。建筑瓷砖可以用废玻璃为原料，与适量的可塑性黏土料混合，通过造粒、成型、烧结等工艺，在950~1050℃下烧结180~210min。该产品具有耐酸碱、强度高、不易褪色、耐老化等优点。我国已开发了一种新型建筑装饰材料——玻璃废纤维装饰砖。该产品由800~1000℃烧结的玻璃废丝制成，吸水率约为7%，高于玻璃马赛克，低于陶瓷釉面砖，粘贴强度高且施工方便，抗折强度远远大于陶瓷釉面砖，稳定性好，经过急冷热和反复冻融循环都不会产生裂纹。

（5）玻璃马赛克。玻璃马赛克具有耐快速冷热、耐酸碱腐蚀、不易变形、不褪色、雨天自洗、经久耐用等特点[97]。同时，该产品易于施工，与水泥附着力强，适用于家庭建筑的内外装饰[98]。通常使用烧结和熔融方法。熔化方法是以二次玻璃［含量（质量分数）为25%~60%］为主要原料，加入一定量的硅砂、长石、石灰石、苏打灰、遮光剂和着色剂，制成均匀的粉末混合物，然后送入高温炉（熔化温度为1400~1450℃），熔化成均匀的玻璃液。玻璃液流入轧制机，被压缩成指定尺寸和形状的玻璃块，然后送往退火窑。最后就可以成品检验、铺设和包装了。

烧结方法包括将二次玻璃精细研磨成玻璃粉末，然后加入一定量的黏合剂、着色剂或脱色剂，并使用搅拌机将其混合均匀。采用干式压制法将混合物压制成坯体，干燥后的坯体送至烧成温度为800~900℃的辊道窑、推板窑或隧道窑进行烧结。通常，它在烧结温度区停留15~25min。对从窑中冷却出来的产品进行检查、铺设、干燥、检查、包装、储存或出厂。不合格品回收再利用。上海硅酸盐研究所发明了一种利用二次玻璃快速烧制玻璃马赛克的方法，其特征是以二次玻璃为主要原料，使用新型成型黏结剂（黏合剂溶液）、无机着色剂，以及一整套相应的烧结工艺。最低烧制温度为650~800℃，采用连续隧道式电窑烧制。产品生产不需要泡沫抑制剂。此外，由于其优异的性能和低用量，黏合剂可以快速烧制，因此产品颜色多样，无气泡，视觉感受力强，质感极佳。

（6）人造大理石。人造大理石是以二次玻璃、粉煤灰、砂砾石为骨料，水泥为黏结剂，用表面和基层二次注浆成型自然养护而成。它不仅具有明亮的镜面和丰富的色彩，而且具有良好的物理力学性能，易于加工，具有良好的装饰效果。它具有原料种类繁多、设备和工艺简单、成本低、投资少的特点。

（7）玻璃瓷砖。我国的高校和企业联合开发了使用二次玻璃的瓷砖和透水瓷砖。以二次玻璃、陶瓷废料和黏土为主要原料，在1100℃下烧制而成。二次玻璃能够帮助瓷砖内部玻璃相的早期形成，有利于烧结，降低烧制温度。这种玻璃瓷砖被广泛用于城市广场和道路的铺设，不仅可以防止雨水收集，保持交通畅通，还可以美化环境，变废为宝。英国一家公司使用100%可回收的旧电视机和电脑屏幕玻璃生产防滑玻璃砖，利用22t电视和电脑屏幕玻璃制造了17400块新的玻璃砖，用于伦敦新装配大楼的展厅使用。

（8）陶瓷釉料添加物。在陶瓷釉料中，用二次玻璃代替昂贵的玻璃料等化学原料，不仅可以降低釉料的烧制温度，降低产品成本，还可以提高产品质量。使用有色二次玻璃制作釉料还可以减少甚至消除对着色剂的需求，从而减少有色金属氧化物的用量，进一步降低釉料的成本。

使利用二次玻璃研制的陶瓷釉料，在二次玻璃中加入5%~10%的黏土，5%的石灰石，3%~5%的滑石能适应快速烧成工艺，降低烧失量。其工艺是将干净的二次玻璃粉碎，除铁，筛分，加入各种配料添加剂，经水磨后喷雾干燥，得到成品。为了使釉料达到良好的显色效果，对二次玻璃的纯度有很高的要求。二次玻璃中的铁或其他有色金属粉末应完全去除。有色玻璃和无色玻璃不应混合，有色玻璃也应为同一颜色，不得混色。这样一来，釉面砖的颜色就更理想了。

（9）生产保温隔热、隔音材料。二次玻璃可用于生产泡沫玻璃、玻璃棉等隔热隔音材料。泡沫玻璃是一种体积密度小、强度高、孔隙小的玻璃材料，气相占产品总体积的80%~95%。与其他无机隔热隔音材料相比，它具有良好的隔热隔音性能、不吸湿、耐腐蚀、抗冻、不燃烧、易于粘接加工等优点。其生产过程是将二次玻璃破碎，加入碳酸钙、碳粉等发泡剂和发泡促进剂，混合均匀，放入模具中，放入熔炉加热。在软化温度的条件下，将玻璃与发泡剂混合形成气泡，然后制成泡沫玻璃。从熔炉中取出后，经脱膜、退火、锯成标准尺寸。

玻璃棉是一种蓬松的棉絮形式的短纤维。它具有体积密度小、导热系数低、吸声系数高（0.4~0.9）的特点，是一种优质的隔热材料和吸声材料。其生产方法是将清洁干燥的二次玻璃加入玻璃熔炉中。熔融玻璃液从漏板流出后，喷成细小的短纤维，经集棉输送带收集成棉层，固化后制成软卷毡、半硬板或硬板。

10.3 国外研究的利用情况

比利时在玻璃回收方面处于领先地位。以95.9%的玻璃回收率位居欧盟第一，其次是荷兰和瑞典，分别为91.3%和91.1%。在德国，平板玻璃和瓶玻璃的回收利用有着悠久的历史。在瓶玻璃回收方面，仅在1996年，德国就回收了280万吨瓶玻璃并进行了重熔，回收率达到79%。同时，平板玻璃也以不同的方式被回收。德国建立了瓶子、罐头和平板玻璃的回收和加工网络，取得了良好的效果。德国目前的二次玻璃回收率超过80%。日本有200个废旧玻璃回收加工中心，玻璃瓶回收率约为50%，而葡萄酒和饮料瓶的回收率已达到80%以上。日本计划在20世纪末实现90%的玻璃瓶回收和60%的玻璃瓶再利用率。总结日本的玻璃回收情况可以看出，多年来，他们使用回收玻璃进行玻璃再制造，平均年产量约70万吨，占玻璃行业所用原材料的1/3。目前，二次玻璃的回收主要包括以下几个方面。

10.3.1 用于建筑材料

二次玻璃是一种可以用作矿物掺合料的无定形高 SiO_2 材料，研究表明，将二次玻璃用作混凝土的矿物掺合剂不会对混凝土造成碱硅酸盐损伤。二次玻璃的粒径越小，混凝土的抗压强度越高。

在美国，建筑业使用了大量的二次玻璃。例如，二次玻璃用于替代岩石骨料、各种砖的黏土材料和水泥砌块产品的骨料，玻璃粉用于替代黏土砖中的黏土矿物成分。一般来说，玻璃可以增加黏土砖的耐候性和黏土砖的强度。当玻璃用作助熔剂时，它可以降低烧制温度，节省能源，降低成本，并使砖的产量增加50%。欧洲的一些砖厂已经用玻璃取代了更昂贵的助熔剂长石。

在美国，许多研究表明，含有（质量分数）35%玻璃砖的混凝土已经达到或超过了美国材料与试验协会发布的抗压强度、线性收缩、吸水率和含水量的最低标准。国内研究结果表明，由二次玻璃制成的轻质粗集料强度高、吸水率低、耐腐蚀性好，适用于生产轻质混凝土[99]。

此外，美国一家陶瓷材料公司在20世纪80年代从破碎玻璃生产中成功开发出尺寸为2cm²、厚度为4mm的彩色贴面材料，深受客户欢迎。该过程包括将碎玻璃破碎成直径为1mm的粉末颗粒，然后将粉末颗粒与所需颜色的有机颜料混合，将其放入模具中，并将其冷压成所需形状。然后，将坯料放置在加热炉中加热，直到坯料表面上的每个粉末颗粒软化并且融合在一起。由于只有坯料表面的玻璃粉末颗粒需要软化，加热温度仅为750℃。该产品是一种优秀的建筑单板材料，也可用于装饰。该工艺简单，能耗低，生产成本低。

日本丰田汽车公司与瓷砖制造商伊奈陶瓷有限公司联合开发了将碎玻璃与废弃汽车处理后的二次材料分离的技术。将破碎的玻璃破碎加工成粒径为20μm的玻璃粉，按3%的比例掺入瓷砖原料中，1200℃烧成瓷砖。瓷砖的抗弯强度为33.34MPa，比之前的高出10%，并且可以使瓷砖更薄。

日本某木纤维板公司成功开发出一种低成本的碎玻璃混合涂料，已应用于道路、建筑、卧室墙壁、门涂料等领域。使用这种混有碎玻璃涂料的物体，例如暴露在车灯或阳光下的物体，可以产生漫反射，具有防止事故和良好装饰效果的双重效果。制作方法是将回收的空玻璃瓶打碎，磨掉边缘并加工成安全的边缘，形成与天然砂粒形状几乎相同的碎玻璃，然后与等量的油漆均匀混合制成。

10.3.2 生产玻璃微珠、玻璃棉或微晶玻璃

在国外，使用碎玻璃生产玻璃珠作为路标反光材料的工艺非常普遍，几乎所有的玻璃珠都是由100%的碎玻璃制成的。据悉，美国是世界上最早利用碎玻璃生产玻璃珠作为路标反光材料的国家之一，用于制造玻璃珠的碎玻璃年消费量超过5万吨。据日本大众媒体报道，一家日本制造商开发了一种可以改变颜色和玻璃珠。其制造方法是将回收的二次玻璃瓶破碎成颗粒，然后使用着色黏合剂着色，并使用荧光着色和储光夜光技术制成马赛克或成型物体。当产品遇到光线时，颜色会随着光线照射角度和照度的变化而发生梦幻般的变化。美国的一家大型玻璃棉制企业，已成功使用50%的碎玻璃生产玻璃棉。使用碎玻璃生产玻璃棉需要较少的原材料和能源，可以节省60%的二氧化硅和40%的纯碱，并节省

10%的能源消耗。

微晶玻璃质地坚硬，机械强度高，化学稳定性和热稳定性好。然而，微晶玻璃中常用的传统原材料的生产成本相对较高。国外利用浮法二次玻璃和发电厂的粉煤灰替代传统微晶玻璃原料生产微晶玻璃已经取得了成功。该微晶玻璃是按照熔融与烧结相结合的技术路线制成的：将粉煤灰与二次玻璃混合，在1400℃下熔融形成非晶玻璃，水淬、研磨，在810~850℃下烧结，生产出力学性能良好的微晶玻璃。我国某高校的研究人员已经成功掌握了以粉煤灰、煤矸石、各种工业尾矿、冶炼矿渣和黄河泥沙为主要原料生产微晶玻璃装饰板的关键技术。

东京都工业技术研究所成功开发了一种利用玻璃瓶和碎玻璃等城市二次材料生产微晶玻璃的再生技术。在微晶玻璃的组成中，玻璃瓶碎玻璃和混凝土污泥占95%以上，硫化铁、硫酸钠和石墨混合控制结晶方向。通过玻璃化工序和结晶化工序进行制造。首先混合原料，然后在退火过程中加热到1450℃，生成微晶玻璃。该晶体为硅灰石形式，抗弯强度约为28MPa，是大理石的1.65倍，耐酸性约为大理石的8倍，可作为建筑材料。

10.3.3　用于农业生产

碎玻璃可以用来改善排水系统和配水，从而改善农业土壤条件，将碎玻璃加工成直径为1.4~2.8mm的小颗粒，用有机物处理，在其表面附着一层极薄的有机物，与亲水性物质按一定比例混合，应用于干燥的农田，可以保持土壤水分；将其与疏水性物质按一定比例混合，应用于降雨量大的农田，以实现水分渗透，减少水分在植物根部的浸泡时间。

10.3.4　生产泡沫玻璃或吸音板

美国、加拿大、欧洲等国均采用二次玻璃生产泡沫玻璃。二次玻璃破碎后，加入碳酸钙、碳粉等发泡剂和发泡促进剂，混合均匀，装入模具，在炉内加热，在软化温度的条件下，将玻璃与发泡剂混合形成气泡，然后制成泡沫玻璃，从炉中取出，脱模，退火，锯成标准尺寸。日本一家企业使用二次玻璃生产硬质吸音板，与以前的硬质陶瓷吸声板相比，不仅价格降低了一半，质量减小，强度提高。这种板是由轻质的二次玻璃球形颗粒制成的，每平方米的质量为5~10kg，相当于一般瓷系硬质吸音板质量的25%~35%。

10.3.5　用作填料

英国布鲁内尔大学正在研究使用热固性树脂废料作为热塑性树脂填料的可能性。他们首先将热固性聚酯树脂玻璃纤维或酚醛树脂玻璃纤维的废料粉碎成具有一定物理尺寸和几何形状的填料，然后用表面处理剂处理这些填料。将这样加工的填料与聚丙烯树脂混合均匀，然后使用双螺杆挤出机将其成型为聚丙烯复合材料产品。他们的实验结果表明，用热固性树脂玻璃纤维废料填充的聚丙烯复合材料微观结构非常均匀，产品的机械强度性能也很好。

宾夕法尼亚理工大学正在研究将废弃的环氧树脂层压材料破碎成用于烧结的填料。使用这种方法处理玻璃纤维废料不仅需要大量的土地，而且会造成环境污染。后来，他们成功地粉碎了玻璃纤维废料，并将其用作丙烯树脂的增强材料。由废弃环氧树脂层压材料加工而成的填料由60%的玻璃纤维和40%的完全固化环氧树脂组成。他们在聚丙烯树脂中添加了30%的废填料和标准材料，并比较了聚丙烯复合材料的物理和强度性能。他们还对三种不同尺寸的环氧树脂层压材料废弃填料对聚丙烯复合材料性能的影响进行了实验。

10.3.6 用于制作复合材料

美国福特汽车公司正在研究回收环形结构热塑性树脂复合材料的可能性。他们首先使用液体成型工艺，使用针织玻璃纤维织物和环形结构热塑性树脂形成高玻璃纤维含量的复合材料［玻璃纤维含量（质量分数）为58.7%］。然后，使用注射成型工艺对复合材料进行粉碎、混合和成型，并分别对成型的复合材料和标准环形结构热塑性树脂复合材料进行物理和强度测试。标准环形结构热塑性树脂复合材料是用短玻璃纤维增强的热塑性复合材料。实验结果表明，再生环形结构热塑性树脂复合材料的物理和强度性能与标准复合材料相似，但最大抗拉强度比标准复合材料低25%。

美国布鲁克海文国际实验室开发了一种用于制造污水管的玻璃塑料材料。将液态聚丙烯或聚酯-苯乙烯树脂注入模具中，以填充破碎玻璃形成的小孔。管道聚合后，将其从模具中取出并再次加工。实验室试验结果表明，玻璃-聚合物复合材料的强度是水泥或黏土管的2~4倍，具有很强的耐化学腐蚀性和吸水性[100]。大量由各种树脂和玻璃混合物制成的管道已应用于工业和水处理厂。法国一家企业使用废塑料和二次玻璃制作砖块，将聚氯乙烯、聚苯乙烯和聚乙烯切成1mm的颗粒，与相同尺寸的二次玻璃混合，送至旋转加热筒，加热烧结，然后送至压机成型。

10.3.7 用于生产磨料

波兰研究人员正在研究用回收的层压材料废料生产磨料的可能性。他们对各种类型的层压材料废料进行了研究，包括玻璃纤维增强酚醛树脂、纸张、棉花和云母、环氧树脂和硅树脂层压材料废料。实验结果表明，玻璃纤维增强环氧树脂叠层材料废料经研磨和炭化处理后，可作为磨料使用。这种类型的磨料具有合适的摩擦系数，并且在350℃以下的温度下，磨料的摩擦系数非常稳定。

11　陶瓷废料的循环利用

随着社会经济和陶瓷工业的快速发展，陶瓷工业废弃物日益增多。它不仅给城市环境造成了巨大的压力，也制约了城市经济的发展和陶瓷产业的可持续发展。因此，陶瓷工业废弃物的处理和利用具有十分重要的意义[101]。目前，我国陶瓷工业废弃物处理利用程度相对较低，资金短缺，导致大量废渣挤压农田，污染水和空气。特别是在过去 20 年的快速发展中，陶瓷行业的产量不断增加，垃圾数量也在增加。据不完全统计，仅佛山陶瓷产区的各类陶瓷废料年产量就已超过 400 万吨，而全国陶瓷废料预计年产量约为 1000 万吨[102]。如此大量的陶瓷垃圾已经不是一个可以通过深埋来解决的简单问题。随着经济的日益发展和社会的进步，环境问题成为人们关注的焦点。陶瓷垃圾的堆积占用了土地，并影响了当地空气中的灰尘含量。陶瓷垃圾的深埋消耗了人力和资源，也污染了地下水质量。如何把废物变成财富，把废物变成资源，已成为技术和环保部门的当务之急[103]。

因此，我国必须高度重视陶瓷生产中废料的回收利用，将其提升到环境材料科学的研究和利用水平，并将其提升到国家绿色环保水平以引起重视和解决[104]。

11.1　废料的来源、分类及应用

11.1.1　废料的来源与分类

陶瓷工业废弃物主要是指陶瓷产品生产过程中，在成型、干燥、上釉、搬运、焙烧、贮存等过程中产生的废弃物，一般分为以下几类。

（1）生坯废料。生坯废料主要是指陶瓷产品烧制前形成的固体废弃物，一般是由于生产线堵塞和坯体碰撞而产生的。生坯废料一般可以直接用作陶瓷原料，添加量最高可达 8%。

（2）废釉。废釉是指陶瓷产品在生产制造过程中，由于不正确地调配色釉或污水（抛光砖的打磨、抛光、倒棱除外）经过净化之后而形成的固体废物。这种废物通常含有重金属元素、有毒有害元素，不能直接丢弃。它需要专业的回收机构进行专业的回收。

（3）烧成废瓷。烧成废瓷是指陶瓷制品在煅烧过程中，由于变形、开裂、缺角等原因产生的固体废物，以及在储存、运输等过程中对陶瓷制品造成的损坏。

（4）废匣钵。陶瓷烧制过程中使用的窑炉选择重油或煤作为核心燃料。由于燃料的不完全燃烧，产生了大量的游离碳，这增加了陶瓷产品污染的风险。因此，家用陶瓷制品往往采用隔爆加热的方法煅烧。火焰隔热加热最经济的方法是使用匣钵进行煅烧，一些生产企业在生产小型地砖时也需要使用匣钵。在使用过程中，由于室温与窑炉煅烧温度（1300℃左右）之间的温差，使匣钵受到多种热影响。同时，在生产过程中，由于装载、搬运、碰撞等原因造成了匣钵废渣。

（5）抛光砖废料。厚釉面砖和瓷质砖需要深加工工艺，比如：铣削以确定厚度，边缘研磨和倒角，研磨和抛光以制成光滑、细腻、有光泽的抛光砖。抛光砖是目前市场上受消费者欢迎的产品，其销量迅速增长，推动全国数千条抛光砖生产线逐步增产。然而，铣削、厚度设定、边缘倒角、研磨和抛光等深加工过程会产生大量的砖屑等废弃物。研磨和抛光过程通常从砖坯的表面去除 0.5～0.7mm 的表面层，有时高达 1～2mm。因此，生产 $1m^2$ 的抛光砖将形成约 1.5kg 的砖屑。以年产 40 万平方米抛光砖的抛光生产线为例，每年将产生约 600t 抛光砖废料。

11.1.2 陶瓷废料在建筑材料中的应用

环境污染程度逐渐加大，陶瓷废弃物的回收利用是人们关注的焦点。充分利用陶瓷废料生产建筑材料，可以提高资源利用效率，减少环境破坏，这符合我国倡导的可持续发展理念[105]。陶瓷生产作为一项复杂的任务，包含许多内部生产过程，容易产生大量废料。如果处理不当，将对环境产生严重影响[106]。随着建筑业进入良好发展状态，有必要充分利用陶瓷垃圾，生产各种建筑材料，提高垃圾利用率[107]。

11.1.2.1 制作轻质高强度建筑陶瓷板材

根据应用学科的理论，板材本身被定义为宽厚比为 2∶1 的结构材料。陶瓷轻质板材料具有优异的抗弯强度和防潮性，并充分利用了大量的抛光废料。从本质上讲，它们实现了陶瓷固体废物的高效应用，符合当前轻质环保材料的可持续发展的基本原则。陶瓷轻质板材的生产工艺从源头上解决了轻质板材生产的技术瓶颈。一是原料处理，在正式生产过程中，将对原材料进行分类堆放，以提高各种原材料的利用率。二是避免产品变形，要从根本上控制产品变形，就必须以配方结构和烧制方法为核心切入点。三是轻质面板内部存在均匀气孔的问题。为了促进孔隙的一定程度的均匀性，有必要合理控制烧制温度，确保原料的稳定性。

11.1.2.2 生产隔热保温瓷砖和免烧砖

隔热瓷砖具有强度高、抗雨水渗透性强、导热系数低的优点，可以进一步降低当前建筑的实际能耗。它们是最理想的绿色建筑材料，对实现节能降耗目标具有积极作用。充分利用陶瓷抛光废料生产保温隔热材料一般分为劣质原材料和辅助原材料。其中，辅助原料中的各种添加剂对改进和优化工艺，进一步提高产品自身性能至关重要[108]。

我国许多学者对陶瓷废弃物的回收应用进行了广泛的研究，并在实际生产过程中优化了烧结技术。例如，以陶瓷抛光砖废料为核心原料，经过一系列的实际操作，得到的轻质外墙砖的整体质量和性能都非常出色。需要强调的是，生产过程中使用陶瓷废料的烧结工艺，经济效益差，环保方面不够理想。我国利用粉煤灰生产免烧砖的研究较多，但利用陶瓷抛光废料制备免烧砖研究较少。一些研究人员使用不同比例的陶瓷抛光粉、废弃瓷砖和水泥来生产不同强度的免烧砖。陶瓷抛光砖粉作为一种高活性废渣，可以与水泥反应形成新的胶凝物质，进一步提高其强度。对陶瓷抛光砖粉末应采取相应的处理和加工措施。将其作为生产免烧砖的原料，可以节省水泥的实际用量，具有良好的经济效益。

11.1.2.3　制备新型环保复合型混凝土

混凝土作为现代建筑工程的核心建筑材料，不仅在土木工程中有着广泛的应用，而且在地热、海洋、机械工程等领域也是一种重要的材料。陶瓷垃圾中所含的化学成分与混凝土本身相对接近，将其用于混凝土生产可以减少自然资源消耗，为陶瓷垃圾的实际应用和处理提供了一条新的途径。

11.1.2.4　制备绿色陶瓷产品

绿色陶瓷主要是指对自然资源的科学利用，在实际生产过程中具有环保、低能耗的特点。绿色陶瓷产品无毒，尽可能减少资源消耗，提高了其实际应用效率。在低碳生产的背景下，陶瓷行业需要积极关注绿色陶瓷的发展，提高资源利用率，减少环境污染。瓷砖的薄化主要是指在不干扰其实际应用功能的情况下，逐步降低瓷砖的实际厚度，可以显著降低生产中各种资源的消耗，达到降低建筑荷载的目的。实现低碳是陶瓷行业未来发展的主要趋势。

11.2　国内外的综合利用

11.2.1　用来生产陶瓷砖

11.2.1.1　用于瓷砖坯料

建筑陶瓷企业在生产过程中也会产生多种工业废弃物。例如，用于清洗原材料和冲洗设备的废泥浆和水，烧制后的废瓷砖，以及无法使用的匣钵和窑具。目前，陶瓷厂自身产生的工业废弃物的回收利用研究取得了突破。废弃的泥浆和水可以回收、收集，并添加到瓷砖原料中，用于瓷砖坯料，此外还有铁。对于经过高温烧制的废弃产品、废弃匣钵和窑具，也可以采用再粉碎的方法将其研磨成粒径小于5mm的颗粒，然后以含量（质量分数）3%的比例加入瓷砖的成分中，用于瓷砖坯料。近年来，许多日本陶瓷建筑企业配备了专门用于对企业内部产生的废物进行再处理和回收的带式旋转研磨机，取得了显著的经济和社会效益。国际上许多国家都将绿色陶瓷产品定位为不会在生产线上形成污染的产品。许多陶瓷企业追求的目标是真正形成无废物排放的生产体系，实现良性循环。

11.2.1.2 用来生产仿古砖

有一家瓷砖生产企业，此前无法利用生产过程中产生的陶瓷废料。然而，为了避免污染周围环境，垃圾被堆放在公司内部，占用了大量空间。经过多次试验和研发，这些废坯和废泥已被成功用作生产仿古砖的主要原料。显然，这是一个变废为宝、降低成本的好办法。仿古砖的颜色古色古香、古朴，多为石面和粗糙边缘的形式，对吸水性和尺寸稳定性要求不高。该公司的废钢坯和污泥来源稳定。通过多次取样测试和分析，废钢坯和污泥的化学成分与瓷砖相似。根据废坯和污泥的化学成分和试烧结果，结合仿古砖的性能要求，确定废坯和泥均可作为仿古砖坯的配方。将废坯、废泥通过干燥、破碎过筛加工后料，无原材料费用，经过干燥、破碎和筛分等加工后制作的作仿古砖的坯料，没有原材料成本，粉末制造成本极低。结合废坯和废泥的化学成分和特性，还可以开发和生产不同风格的艺术砖。它对环境友好，并降低了陶瓷产品的成本。

11.2.2 用来生产多孔陶瓷

经过多年的努力，我国一些研究人员开发了一种利用陶瓷工厂废料生产多孔陶瓷的工艺方法。这种方法使用来自一般陶瓷厂的固体二次材料，根据其形态可分为废料、废泥、废瓷、废渣和灰尘。首先，将固体二次材料加工成一定粒度的粉末，以备日后使用。将各种原料称重并混合均匀，然后将其放入不锈钢模具中，在电炉中燃烧。配料中以土粉为填料，瓷粉为骨料，粉煤灰和釉粉为发泡基材。配料时，先将发泡基材、发泡剂、发泡助剂混合均匀，用 $150\mu m$（100 目）筛过三遍。然后，加入填料和骨料，充分混合，并在不锈钢模具中均匀铺开，置于电炉内烧制。用这种方法开发的多孔陶瓷体积密度低、强度高，适用于新型墙体材料，也可用于制造方形透水砖。有利于陶瓷厂利用固体二次材料生产多孔陶瓷，废物利用率高，经济效益高，社会效益好。

11.2.3 用于制备水泥

利用陶瓷废料作为低成本的水泥生产原料，实现陶瓷与水泥产业的有机结合，无疑将产生显著的社会经济效益。它不仅可以处理大量的陶瓷废料，而且为水泥工业生产提供了一种新的原料。

陶瓷废料具有良好的可磨性。在显微镜下观察时，颗粒大多是不规则的片状。当观察水泥渣与陶瓷废料混合时，发现有少量较大的片状陶瓷。为了改变这种情况，有可能对进入研磨过程的陶瓷废料进行处理和控制；该处理包括对陶瓷废料的粗碎，然后用含有少量表面活性剂的溶液冲洗。一方面去除了陶瓷废料表面的杂质，另一方面提高了其断裂面的可磨性，然后使用破碎机进行精细破碎。要求粉碎后的粒径应小于20mm，以便在研磨后的水泥渣中看不到明显的陶瓷薄片。陶瓷废料的加入不会影响研磨效果，但会在一定程度上增加水泥的比表面积。随着用量的增加，水泥强度降低，需水量增加，凝结时间延长。但是，只要选择合适的比例，就可以生产出强度等级更高的普通硅酸盐水泥。陶瓷废弃物主要为硅酸盐矿物，因此具有一定的活性。只要在使用前进行适当的处理，它就可以广泛用作水泥行业的水泥混合物，生产出合格的高强度水泥。在使用中，应根据熟料的性能选择合适的配比，并注意控制需水量和凝结时间，以达到良好的性能。

11.2.4 用于开发固体混凝土材料

二次混凝土材料（SWC）是一种以固体二次材料为主要原料，具有普通混凝土性能的环保材料。国内一些研究人员在参考了大量粉煤灰等工业废弃物的利用情况后，进行了实验研究，表明以陶瓷废弃物为主要原料，辅以水泥和高强度黏结剂制备的SWC材料的性能符合非烧制方形路砖的标准要求。其工艺一般选用425及以上普通水泥或硅酸盐水泥和有机黏结剂；粗集料的粒径在5~15mm，细集料的粒度在1~5mm。由于陶瓷废料在破碎过程中产生了大量的粉末，这些粉末直接作为SWC的添加剂，以减少污染。经检测发现，破碎后的废砖松散堆积密度基本符合建筑骨料标准。经过反复试验，其各项性能指标均达到国家标准一级产品的要求。它不仅处理了陶瓷厂的废料，而且节省了资源，符合国家环保要求，是一种很有前途的绿色建材产品。

11.2.5 用于阻尼减振材料

在压电陶瓷的生产过程中，在极化和测量等过程中存在大量的废物，国内外制造商尚未找到有效的方法来处理这些废物。针对压电陶瓷生产中极化和测量过程中产生的废料的全球挑战，有研究提出的新型阻尼减振机制，首次将压电陶瓷废料应用于阻尼沥青，取得了成功[109]。随后，这种废料再次被用作氯化丁基橡胶的阻尼材料，并选择了不同的测试方法，取得了良好的结果。这为压电陶瓷废料的回收利用及其在不同应用方向上作为各种聚合物基底的阻尼材料提供了更广阔的前景[110]。

传统沥青阻尼材料的阻尼机理是利用原子、分子和分子链之间的振动滞后和蠕变效应产生相对位移和摩擦，将振动的机械能转化为热能并耗散。转化为热能的效率越高，阻尼和减振效果越好。为了产生足够的位移和摩擦，原子、分子和分子链需要有足够的振动幅度。然而，保持较大的振幅实际上表明材料的阻尼和减振效果不好。这是传统阻尼方法无法克服的极限。

在阻尼和阻尼材料中加入一些压电陶瓷废料可以解决这个问题。阻尼沥青采用沥青和乙炔炭黑及锆钛酸铅压电陶瓷粉末作为铺筑路面的原材料。沥青加热融化后，加入炭黑搅拌均匀，然后加入压电陶瓷粉末搅拌均匀，再浇铸成型。实验表明，在沥青材料中掺入压电陶瓷粉体和炭黑是一种提高沥青阻尼减振性能的新方法。

在氯化丁基橡胶中加入压电陶瓷废料时，根据梁瑞林提出的新型阻尼减振机理，氯化丁基橡胶将保留原有的阻尼减振功能，并将电子领域的压电效应和焦耳定律应用于阻尼减振过程，从而使振动的另一部分机械能通过压电陶瓷转化为电能，由乙炔炭黑组成的微电路转化为焦耳热，并建立了新的阻尼减振机制[111]。在这种新型阻尼减振机构中，将机械能转化为耗散热能的阻尼减振过程有两个独立的转化为热能的通道，因此可以产生更好的阻尼效果。

11.2.6　回收重金属

目前，全球陶瓷电容器的年产量为 1400 亿～1500 亿台，其中多层陶瓷电容器约占产量的 70%，在其生产和使用过程中也产生了大量废物。多层陶瓷电容器一般有 20～30 层，由钛酸钡、钛酸铅、铅、钛、镁、铋等金属氧化物及银、钯内电极浆料和端电极组成，一般金属含量（质量分数）低于 8%[112]。众所周知，我国的贵金属矿产资源品位低，储量有限，每年需要大量外汇进口贵金属原料，以满足国民经济建设的需要。从各种贵金属废料中回收贵金属正受到越来越多的关注。因此，从这些废料中回收银和钯具有重要意义。

目前，从一般电子废物中回收银和钯的主要方法包括高温熔融法和化学法。然而，多层陶瓷电容器废料不同于一般的电子废料，这些方法不能用于回收银和钯等金属。它使用的方法是先将各种废料的混合物研磨成 74μm（200 目）。向反应釜中加入一定浓度的 KNO_3，开始搅拌，慢慢加入细磨材料。加入材料后，用蒸汽加热至 80℃，并保持该温度 2h。反应完成后，将反应物放入储罐中冷却。冷却后，用板框压滤机对其进行过滤。将滤液置于塑料罐中，用于回收银和钯。用水洗涤滤渣直到没有钯后，将洗涤水放入另一个塑料罐中进行回收。

在银富集滤液中，加入工业盐酸以沉淀银。过滤后，用热的稀盐酸溶液反复洗涤氯化银中的杂质。将洗涤后的氯化银干燥，在石墨坩埚中按一定比例混合均匀，然后将其加入 KNO_3，在 1100℃并熔化以获得粗银锭，最后将粗银锭并入银电解工段可获得电解银粉，回收率高达 88%。

用盐酸沉淀银后的滤液含有大量的碱金属，如 TiO^{3+}、Mg^{2+}、Pb^{2+}、Ba^{2+} 等，这些碱金属不能直接浓缩并用钯富集。首先，用工业浓硫酸沉淀铅和钡，然后静置过滤。将滤液浓缩至黏丝状，除去游离硝酸，然后稀释，用一定浓度的 NaOH 将溶液调节至 pH 值为 0.5。在室温下用铁粉还原钯，得到钯黑。在还原过程中，将溶液保持为弱酸性有利于过滤。用盐酸将多余的铁粉溶解在钯黑中，用工业盐酸沉淀银，过滤，并将氯化银掺入银的富集液中等待回收。洗涤水的酸度低，不需要调节 pH 值。然后在搅拌状态下，直接向洗涤水中加入化学试剂，沉淀钯，钯可以快速过滤（钯的沉淀率为99%），然后在 600℃ 下煅烧分解黄原酸钯，通过氢还原得到粗钯。之后将得到的钯黑和粗钯合并用王水溶解，浓缩驱硝。用氨水络合盐酸沉淀精制钯，钯的回收率可达 95%。

11.2.7　用来生产卫生陶瓷

我国卫生陶瓷企业规模大、数量多。随着改革开放的深入，产品的生产迅速增长，这在很大程度上推动了我国经济的快速发展。然而，由于技术和设备的落后，我国产生了大量的陶瓷废料和废弃物。我国广东潮州地区是我国最大的工艺陶瓷生产和出口基地之一。近年来，卫生陶瓷的生产也发展迅速，年产量超过1000 万件。陶瓷产业的发展给当地带来了可观的经济效益，但同时也导致了资源的过度开采和大量陶瓷废弃物的处置，造成了严重的环境污染问题[113]。据初步统计，目前潮州仅卫生陶瓷企业每年生产的工业二次材料就达到 5 万吨以上，多年来累计生产的陶瓷二次材料不低于 30 万吨。陶瓷废弃物的污染问题引起了社会各界的广泛关注[114]。为了解决困扰陶瓷行业多年的环境污染问题，广州枫溪陶瓷研究院开展了废瓷回收利用的专门研究。成功完成了利用陶瓷废料生产陶瓷泥，再将陶瓷泥制成产品的实验。废旧瓷器的利用率可达到 30%～40%。据专家介绍，通过回收和处理废弃瓷器生产的瓷泥比普通瓷泥具有更好的稳定性、温度和硬度。该技术顺利实施后，每年将有一半的陶瓷垃圾得到有效处理，从而实现陶瓷垃圾的减量化、资源化、无害化处理，促进陶瓷产业的可持续发展[115]。

11.2.8　用来生产陶粒

近年来，国内外开始对利用工业废料生产陶粒的研究。陶瓷由于体积密度小，内部多孔，形状和成分均匀，具有一定的强度和坚固性，具有质量小、耐腐蚀、抗冻、抗震、绝缘性好、隔热、隔音、防潮等功能，可广泛应用于建筑、化工、石油和其他部门。在建筑方面，它可以作为轻质骨料制备混凝土和墙体隔热板，也可以作为填充物填充在空心墙或窑炉的内衬中，用于隔热。国内的一些研发机构利用废弃材料开发出利用陶粒生产的地铁吸声材料，他们通过性能测试和分析发现，该吸声材料吸声频率范围广，吸声效果显著。

11.2.9　其他利用

对于瓷砖生产过程中产生的大量废瓷砖，可以将其加工成一定细度的颗粒用作釉粒，可以用来改变瓷砖釉面的颜色。这不仅降低了原材料成本，还减少了废弃瓷砖造成的污染。同时，还可以作为陶瓷地砖的防滑材料。首先将不同颜色的废瓷砖均匀混合，然后压碎并过筛，控制在一定的粒度。筛分后，再次将颗粒均匀混合，以确保颗粒着色并具有稳定的粒度。经过多次试验发现，在粉末中加入瓷砖颗粒可以显著提高防滑效果，产品整体性能良好。

11.3 小结及展望

21 世纪是环境保护的世纪，随着我国可持续发展战略的实施，对环境保护提出了更高的要求。减少环境污染和陶瓷废弃物的综合回收是环保产业的两个主要发展方向。作为世界上最大的陶瓷生产国，如果我国充分利用陶瓷垃圾，不仅可以解决巨大的环境危机，还可以实现社会经济的可持续发展。从这个意义上说，我国废旧陶瓷资源的回收利用具有显著的社会效益和经济效益。

根据《中华人民共和国清洁生产促进法》第三十五条的规定，税务机关对利用废弃物生产的产品和从废弃物中回收的材料减征或者免征增值税。正常情况下，该项目可享受优惠政策及相关配套措施。据悉，国家有关部门制定的税收支持目录列出了钢铁、造纸等多个行业，唯独陶瓷除外。由于税务机关缺乏可比的政策，税收优惠尚未实施。由于缺乏政府对相关项目的政策支持，用废弃陶瓷生产的再生陶瓷泥价格高的问题不能仅靠企业自己解决。废弃陶瓷的回收再利用虽然意义重大，但企业的生存和发展必须靠利润来支撑和维护。如果价格不能降低，促销就可能成为空谈。这就是目前促进废弃陶瓷回收再利用的困境。

充分利用陶瓷废弃物不仅可以解决巨大的环境污染危机，节约越来越宝贵的陶瓷资源，而且有助于实现社会经济的可持续发展。建议政府尽快予以充分重视。在管理方面，政府有必要出台强制性法规，要求企业设立专门的废陶瓷储存场所，以方便废陶瓷的收集和运输。严禁企业随意乱扔、掩埋废旧陶瓷，积极引导企业走废旧陶瓷回收利用之路。政府应充分利用经济杠杆作用，为从事废陶瓷回收利用的企业提供财政补贴或税收优惠，降低回收陶瓷泥的价格，鼓励和引导更多企业从事废陶瓷的回收利用。同时，还可以与政府相关部门协调，对无法回收废陶瓷的企业进行收费和管理。通过集中这笔资金，还可以支持企业回收废陶瓷，推动企业尽快走上回收废陶瓷的道路。只有这样，才能从根本上解决废弃陶瓷对环境的污染和对陶瓷资源的浪费。

12 包装材料的循环利用

环境保护和资源合理利用是一项紧迫而艰巨的任务。包装材料是一种污染源，但它们也是一种可以利用的资源。目前，包装材料的回收和处理引起了世界各国的关注，与包装材料处理相关的研究会议和研究资料数不胜数。在我国，由于包装行业的快速发展，包装材料问题日益突出。然而，我国尚未建立科学完整的二次材料回收处理体系，包装材料回收处理法规仍有待完善。因此，有必要予以重视和研究。

12.1 包装材料回收处理的生态效益和经济效益

包装领域的各种材料转化为二次材料的转化率最高。包装材料的回收既有经济目的（变废为宝），又能保护自然平衡。以北京市为例，日常生活中可回收二次材料的经济和环境价值如下：1500t 废纸，如果回收利用，可以生产 1200t 好纸，节省 6000m^3 木材，减少 360t 纯碱的使用，减少 75% 的纸张污染排放，节省 77 万千瓦时电力。纸包装材料是包装材料中发展最快的一种，由于其通过回收利用获得了明显的生态和经济效益，已成为开发利用的重点。按照目前的回收水平，全国每年可回收纸箱 14 万吨，为生产同等数量的纸张节省煤炭 8 万吨、电力 4900 万千瓦时、木浆和秸秆 23.8t、烧碱 1.1 万吨。

事实表明，对包装材料进行再加工是一种可再生资源，可以极大地节省原材料资源，降低能源消耗，减少环境污染。据统计，用废铁、二次铝罐、废纸等处理钢铁、铝和纸张时，其节能比例以及减少空气和污染的比例都相当惊人。

包装材料的回收利用可以带来不可估量的生态、经济和社会效益。在降低生产成本和污染的同时，它还保持了自然的平衡。此外，新的回收系统的建立或新产业的出现将为我们的国家提供更多的就业机会。

12.2 我国包装材料回收处理的现状

目前，我国包装材料的年产量约为 1600 万吨，并且仍以每年 10% 以上的速度增长。除啤酒瓶和塑料周转箱外，其他包装材料的回收率相对较低，整个包装产品的回收率不到包装产品总产量的 20%。这导致了自然资源的大量消耗、二次材料的处置问题及二次材料对环境的影响。近年来，在国家和地方有关部门政策法规的指导下，我国包装材料回收利用取得了重大进展，但总体情况不容乐观。包装材料回收和加工中的主要问题如下。

12.2.1 包装材料分类回收工作严重滞后

目前，我国几乎没有对城市二次材料进行分类的工作。各种包装材料和厨房二次材料混合在一起，仅被掩埋或焚烧，使其内部的有效资源难以利用。我国的国有回收系统已经解体，尽管现在有一个自发的民间回收系统，但它没有专门的分拣和处理方法。包装材料的分类完全依靠人工分拣，无法实现准确分类，给后期加工带来困难。即使经过加工，也只能得到非常原始和粗糙的产品。此外，由于没有专门的分类二次材料回收箱，二次材料的回收过程不仅复杂，而且普遍会再次受到污染。例如，我国聚酯（PET）加工公司选择进口国外废弃 PET 瓶，而不是使用国内废弃 PET 瓶。

12.2.2 包装制品回收渠道混乱

我国过去对二次材料的传统分类是由单一的政府行政行为回收系统支持的。近年来，由于经济和观念的原因，原有的回收体系和渠道已经失效，基于市场的回收体系尚未建立。商业、轻工、街道、民政、供销等部门都在从事回收工作。其中，纸张和玻璃的回收利用仍然可以接受，而塑料和金属容器的回收利用较差。然而，回收的零件大多卖给了个体经营者和闲散人员在各地设立的小型造纸厂、小型铝厂和小型塑料造粒厂，利用率低，资源浪费，能源浪费，制造粗糙，二次污染严重。

12.2.3 立法有待加强和完善

从 20 世纪 80 年代到现在，我国的各个相关部门，包括环保、劳工、商检、外贸、保险，以及包装材料和容器的研究、生产、运输、储存和流通，都致力于包装材料的处理和利用。然而，关于包装材料的处理，仍然没有适合我国国情的法律法规。此外，关于包装材料回收和处理的立法相对薄弱。现行法律中涉及的《我国固体废物污染防治法》（以下简称《防治法》）规定，产品生产企业应当采用易回收、易处理、易处置、易在环境中消费的产品包装，并要求按照国家规定进行回收、再生利用。但该法在实施过程中至少存在两个问题：一个问题是法律尚未对易于回收、处置或在环境中吸收的产品包装制定具体标准，也未明确回收再利用应遵循哪些国家规定；另一个问题是，从客观环境的角度来看，该法各项规定的实施条件尚不具备，如何回收、储存和处理包装材料的相应配套机构和设施仍不健全。因此，在未来很长一段时间内，《防治法》的实施将很困难。

12.2.4　各级环保和城环系统协调联动

环保"站在墙里"，主要负责生产企业污染源的综合治理，开发无污染的工艺和技术；环卫"站在墙外"，负责居民日常生活、商场、医院二次材料的清洁和运输。因此，环境保护和卫生部门之间还没有建立有机的联系和协调。近年来，环卫部门的研究结果表明，环卫系统对二次材料的产品结构提出了许多新的见解，但由于管理的范围和职能，它最终不会对企业生产决策产生影响。因此，有必要突破国家所有制，调整机构设置，加强环境监测、研发、清运等机构之间的沟通与合作。

12.3　加强我国包装材料的管理并建立回收处理体系

12.3.1　包装材料回收处理系统模型

对包装材料合理处理，是减少其对环境的污染和节约资源的重要举措。这就使"包装生命周期"不仅包括包装的设计、制造、流通、消费四个环节，还包括包装材料的处理。

由上可知，二次材料的合理处理应从以下三个方面入手。

（1）包装生产和流通中，对包装材料的合理处理：

1）包装设计和制造时，要尽量使包装容器能重复使用，使包装变废为宝，易于回收，并在处理阶段不会产生有害物质；

2）要防止采用功能过剩的包装；

3）合理处理包装材料是减少环境污染、节约资源的重要措施。这使得"包装生命周期"不仅包括包装设计、制造、流通和消费四个阶段，还包括包装材料的处理。

（2）在商品消费中，合理处理包装材料：要求增强环保意识，改变价值观，采用资源节约和合理的包装，并积极支持包装材料排放后的再利用。例如，可以重复使用的包装材料应纳入废物回收系统，不再作为城市二次材料丢弃。

（3）包装材料排放后的治理：

1）要求建立一个合理的、能被公众接受的、符合当地回收条件的收集系统；

2）要求有效收集和处理，以保持环境卫生，并努力节省运输过程中的能源消耗；

3）回收可重复使用和可循环再生的废弃包装，以及因燃烧或深埋而无法重复使用或回收的包装；

4）在燃烧处理中，有必要尽可能防止二次污染，促进二次材料的再利用；

5）对于最终必须深埋的二次材料，有必要尽量减少其数量和体积，使其无害，以保护处理现场周围的环境。

因此，控制包装材料的第一种方法是尽可能减少二次材料；其次，包装材料在排放前进行预处理；最后，对包装材料排放的处理可以大大减少包装材料对环境的污染。

12.3.2 健全和完善包装材料回收处理体系的外部条件

12.3.2.1 制定包装材料法规，强化国家宏观管理

发达国家和地区"经济靠市场，环保靠政府"的做法值得借鉴。在经济水平有限、人民环保意识不强的情况下，加强政府宏观管理，制定相关法律法规，结合税收、产品价格、企业信用和回收交易指标等经济手段，是包装材料回收工作顺利进行的有效手段和保障。一方面，加强管理和约束；另一方面，国家对企业生产的干预和宏观经济调控是确保包装材料正确处理的必要条件。

现行的《包装材料的处理与利用通则》（以下简称《通则》）是我国包装标准化的一项非常重要的基础性标准。然而，我国目前很难提供类似于欧盟法规或德国法律中提出的回收率和定量值。关于回收和处理系统，《通则》没有规定未能履行其责任的后果或应回收的数量标准，这对责任方没有构成太多约束。只是责任方将包装材料的回收视为自发行为，缺乏必要的强制性措施。因此，应该明确提出"谁污染谁治理、谁包装谁负责处置"的原则，以及责任方不履行责任的后果。此外，《中华人民共和国固体废弃物污染环境防治法》第十七条、第十八条明确规定，产品生产者、销售者和使用者应当按照国家有关规定对可回收的产品包装和容器进行回收，但对回收没有具体规定。

因此，有关包装材料的法律法规应贯彻"预防为主、防治结合"和"谁污染谁治理"的原则，明确相关方的具体责任，指出包装材料的回收指标、相关具体回收规定和回收目标。

12.3.2.2 加强宣传教育，树立全民参与意识

建立包装材料回收体系，第一步是动员公众积极配合包装材料的回收利用。只有在公众的积极参与下，才能实现包装材料的分类。美国将塑料分为七类，供居民选择和回收。许多国家在街道上放置不同颜色的垃圾箱，并对不同类型的二次材料进行分类。在我国，还应采用实用可行的二次材料分类方法，这是回收包装材料的先决条件。

提高全民环境意识的长期计划从根本上讲是在全社会开展环境教育。提高环境意识有两种途径：一种是随着生活水平的提高，环境意识自然增强；另一种是外部世界的催化作用。发达国家和地区的公众环境保护意识较高，但我国目前需要依靠全民环境教育来提高公众的环境保护意识。环境教育不仅在生产领域进行，也在学校、国民经济和各个领域进行，并贯穿于一个人的一生。提高环境意

识和公众参与的意义超出了二次材料加工本身。

12.4　小结及展望

我国面临资源和能源短缺，二次材料的积累逐渐增加，迫使包装行业坚持"以循环利用为主导型"的发展模式。不仅如此，回收包装材料在保护环境、合理利用自然资源、统一协调生态效益和经济效益方面也具有重要的特殊意义。因此，有必要建立一个基于市场的科学合理的回收体系，加强包装材料法律法规和国家宏观调控的建设。当然，提高全民的环保意识也是必要的。

保护生态环境是当今全人类的共同责任。对于包装行业来说，可以说包装材料是环境污染的重要来源。基于此，我国不仅要做好包装资源的有效回收利用，还要加快绿色包装新材料和新产品的开发研究，这是适应席卷全球的"绿色革命"浪潮的客观需要。我们还必须清醒地认识到，"绿色革命"不仅是历史的必然，也是人类探索自身生存的明智之举。同时，这也是观念、材料、生产和消费等各方面引起的一次重大变革。

13 纸张的回收再利用

造纸属于基础原材料产业，与国民经济和社会发展密切相关，它具有规模经济性强、周期性强等特点。按产品类别划分，造纸工业产品可分为纸制品和硬纸板制品。其中，纸品包括新闻纸、包装纸、无涂层印刷和书写纸、涂层印刷纸、生活用纸和瓦楞原纸；纸板产品包括硬纸板和白纸板，各种细分产品用途不同，市场相关性低。因此，各种细分产品的供需波动也尽不同[116]。我国每年消耗1000万立方米造纸木材，进口木浆130多万吨，进口纸张400多万吨。纸张的大量消耗不仅造成了森林的破坏，而且由于纸浆污水的产生，严重威胁了河流和湖泊。造纸工业造成的污染占全国水污染总量的30%以上[117]。目前，我国的纸张回收技术相当有限，例如将其作为造纸原料的一部分进行再利用，或制造蛋盘、果盘等。为了更好地保护森林资源和生态环境，有必要探索其他纸张再利用的方法[118]。

13.1 造纸行业的概况及新技术

13.1.1 纸行业的概况

2022年全年，全国机制纸及纸板产量13691.4万吨，同比下降1.3%。规模以上造纸和纸制品业企业营业收入15228.9亿元，同比增长0.4%。由于2022年统计数据不全，下文我们主要介绍2021年的情况。

自2014年以来，我国纸和纸板产量呈现波动上升趋势。2021年，全国纸张和纸板产量达到1.21亿吨，同比增长7.5%。从品种来看，2021年，我国纸板产量占纸张和纸板总产量的23.2%；其次是瓦楞原纸，占产量的22.2%。从区域分布来看，我国纸和纸板产量主要在东部地区，占2021年产量的近70%，其次是中西部地区，产量分别占18.5%和11.9%。在需求端，2021年全国纸和纸板消费量达到1.26亿吨，比2020年增长6.9%，人均年消费量为89.5kg（14.13亿人）。2014—2021年，消费年均复合增长率为3.3%。从各类纸张和纸板的消费来看，2021年，纸板的消费量最高，占总消费量的25.3%；其次是瓦楞原纸，占消费量的23.5%。近年来，我国纸和纸板生产企业的数量持续下降。根据我国纸业协会的数据，2021年我国纸张和纸板生产企业数量约为2500家，与2020年持平。近年来，我国注册的造纸相关企业数量呈波动趋势。2021年，我国注册的造纸相关企业数量为5836家，与2020年相比增加了36家。

　　2021 年，我国造纸行业收入和利润总额稳步增长。2018 年下半年至 2019 年年底，造纸业下游继续积极消化库存。2020 年，新冠疫情的暴发给全球经济带来了巨大挑战。造纸业的生产和需求受到了很大的负面影响。对国内经济的影响，加上国内外物流不畅，导致消费者意愿出现一定程度的下降。整个造纸行业都面临着压力。2021 年以来，我国新冠疫情有所缓解，各行业开始进入复工复产轨道，造纸业景气度逐步回升，库存慢慢消化。

　　国家统计局数据显示，2021 年，我国规模以上造纸企业实现营收 8551 亿元，同比增长 19%，由负转正。他们实现利润总额 541 亿元，同比增长 18.12%。根据我国海关总署的数据，2021 年，我国纸张和纸板进口量达到 1090 万吨，同比下降 5.55%；出口量 547 万吨，同比下降 6.81%。从进口品种看，2021 年纸板和瓦楞原纸进口量最大，分别占纸张和纸板进口总量的 36.6% 和 27%。从出口品种来看，白卡纸、特种纸和硬纸板的出口量最大，分别占 2021 年纸张和硬纸板进口总量的 28.5% 和 19.4%。

　　总体来看，国内造纸企业数量多、规模小，行业集中度不高。与国外一些成熟市场相比，我国造纸行业产能集中度差距非常大。近日，我国纸业协会披露了 2021 年全国产量前 30 名重点造纸企业排名。其中，玖龙纸业（控股）有限公司、山东太阳控股集团有限公司、理文造纸有限公司、山鹰国际控股股份有限公司和山东晨鸣纸业集团股份有限公司五家企业排名前五位，产量超过 500 万吨。26 家企业产量超过 100 万吨。

　　目前市场需求稳定向上的局面没有改变。企业需要抓住机遇，加快数字化转型进程，促进产业升级。无论是新建还是技术改造项目，企业都要注重提高生产、能源、用水等效率，加大新能源设备的投入和使用，加快形成安全高效、内外联通的供应链和产业链。这是 2020 年中央经济工作会议连续第二年提出"需求侧改革"，也是中央提出的"需求（消费）"改革方向。全面节约是为了可持续和高质量发展。传统的造纸工业发展模式越来越难以维持。只有通过综合节约和高效利用，才能有效缓解行业发展面临的资源和环境挑战。在这里，有一些变化需要关注，包括造纸行业对纤维和其他原材料的保护，以及下游印刷和包装行业对纸产品的保护。

13.1.2　纸张再利用的新技术

　　用废纸或废纸板做原料，可以制作农用育苗盒，采用生物技术生产乳酸等化工产品，还可以生产各种功能材料如包装材料、隔热隔离材料、除油材料，也可用于制作纸质家具等。

13.1.2.1　制造包装材料或容器

　　以废纸为原料，可生产高强度埋纱包装纸袋。夹在纸上的是水溶性纱线，可溶解在 90℃的水中，并可完全回收，使其成为双重绿色包装材料。该包装纸可广泛应用于水泥、粮食、饲料、茶叶、日常购物袋、提款袋等日常生活领域。随着环保要求的日益严格，过去使用的一次性杯子、盘子、餐盒、包装材料等不可降解产品被禁止使用[119]。纸浆模塑制品是其有效的替代品。在一些工业化国家和地区，纸浆模塑制品在工业产品包装领域的比例高达 70%。绝大多数使用的原材料是废纸纸浆模塑制品，用作一些复印机包装盒的包装材料。该模型产品由纸浆制成，固化成商品形状，以 100%废纸为原料，易于回收。美国模压纤维技术公司将旧报纸粉碎，加水搅拌成型，取代泡沫塑料作为玩具、电脑硬盘和外围设备的包装填料。日本一家企业开发了一种利用废纸生产纸袋的成型技术。这个纸瓶由三层组成，中间是纸浆，内外两面都有涂层，它可以用螺丝、盖子或金属片密封。纸袋的强度与塑料瓶的强度相当。可以使用模具制造不同形状的纸制瓶子。

我国的纸浆模塑行业起步较晚，但也取得了重大进展，从水果和蛋盘等低端产品发展到工业包装和食品包装。目前，我国纸浆模塑制品在工业产品包装领域的比重为 5%。

13.1.2.2　制作纸质家具和农用育苗盒

近年来，国外已悄然兴起用纸板制作家具热。纸制家具重量轻，组装拆卸非常方便，省时省力，且造价低，又易回收，便于家具更新换代。其制作工艺简单，只需将各种废纸收集起来，经压缩处理制成一定形状的硬纸板，即可像拼积木一样组装成各种家具。在家具表面涂上保护漆，可解决忌负重和怕水忌潮的问题。很适合我国目前的住房状况，且可以节约木材资源，保护生态环境。

利用废纸纤维特别是一些低档次的废纸纤维与玄武岩纤维或矿渣纤维可以生产育苗盒[120]。该类产品可自然降解，降解后即成为土壤的母质，因此不会对环境造成二次污染。由于加入了矿渣纤维或玄武岩纤维，产品的挺度高，这样既便于使用，又可节约部分植物纤维。近年来，国外悄然兴起了一股用纸板制作家具的潮流[121]。纸质家具质量小，拆装方便，省时省力，成本低，易于回收，便于家具更新和更换。生产过程很简单，只需收集各种类型的废纸，并将其压缩成一定形状的纸板，即可如积木一样组装成各种家具。在家具表面涂上保护漆可以解决避免重负荷和怕水怕湿的问题。

13.1.2.3　生产乳酸或除油材料

有企业开发了一种以旧报纸为原料的低成本乳酸生产方法。乳酸可用于发酵、饮料、食品和药品生产，作为可生物降解塑料的原料也有很大的吸引力。生产乳酸的方法是先用磷酸处理旧报纸，然后在纤维素酶的存在下生产葡萄糖。这一过程比一般方法使用更少的纤维素酶，耗时更短。所获得的低成本葡萄糖可通过普通发酵方法生产 L-乳酸[122]。将废纸在水中分离成纤维，加入硫酸铝，并通过破碎、干燥等处理，可以用作去除固体或水表面油脂的脱脂材料。这种材料便宜、安全，制造过程简单，不需要合成树脂等特殊介质进行浸渍。这项技术的原材料种类繁多，使用后可以焚烧和丢弃。

13.1.2.4 生产隔音隔热材料

利用纸张和纸板生产密度低、隔音隔热性能好、价格低廉的材料是节约资源、变废为宝的有效途径。生产方法大致可分为非黏合剂生产方法和基于黏合剂的生产方法。

不使用黏合剂的生产方法可以分为三种方法：第一种方法是将废纸或纸板湿松制成纸浆，在纸浆中加入珍珠岩等无机发泡材料，然后在不使用黏合剂的情况下将其注入柱、板或其他形状的模具中，经过脱水和干燥，可以获得所需形状的隔音和隔热材料；第二种方法是将废纸或纸板制成含有水的纤维状材料，加入乳化剂并机械发泡，然后将其注入具有一定结构和形状的模具中并涂上保护层，在低压下干燥形成；第三种方法与前两种方法类似，并且原料的纤维化可以使用干式或湿式方法进行，例如使用冲击研磨来精细研磨原料。选择增塑物质（如淀粉或蛋白质、塑料等作为添加剂），其目的是使其发泡，同时提高其弹性。根据具体需要，可以生产不同形状的部件。通过添加其他添加剂或表面处理剂，产品可以具有良好的防潮性、防火性和抗微生物性。

使用黏合剂的生产方法类似于以前不使用黏合剂的方法，通过干法将废纸或纸板分散成纤维。其不同之处在于，添加黏合剂后，通过冷压或热压将其压实制成所需形状的产品。

13.1.2.5 制造复合材料

美国研究人员开发了一种利用废纸制造复合材料的方法：将旧报纸研磨成粉末，与聚乙二醇、高密度聚乙烯树脂、乙丙橡胶、2,6-二丁基-4-甲基苯酚等按一定比例混合，预热至75~80℃，用搅拌机以100r/min的速度搅拌25min。当温度达到162℃时，混合物中的热塑性物质开始融化，而废纸则进一步破碎。当温度达到225℃时，降低搅拌速度，将混合物颗粒化，注入成型机进行成型。这种由废纸制成的复合材料比普通树脂具有更好的热稳定性和耐火性。它具有良好的成形性，收缩率低，在空气中不吸湿，稳定性好，适用于制造汽车零部件。

13.1.2.6 制造新型建筑和装饰材料

日本《读者新闻》与两家公司合作，用旧报纸制造新的建筑和装饰材料。生产过程是先将旧报纸和废木材粉碎成粉末，然后加入由农用薄膜和其他原材料制成的特殊树脂并加工成型。成型材料的表面经过抛光并印有各种木纹后，其外观与真正的木材完全相同。这种材料的优点是具有木材的香味，与某些合金的强度相当，防潮能力强，是最适合建筑外部平台的铺设材料[123]。

13.1.2.7 纸张发电

近年来，英国废物管理局采用了一种有效的废纸处理方法—废纸发电。用干燥压缩机将大量包装废纸压成固体燃料，在中压锅炉中燃烧，产生2.5MPa以上的蒸汽，驱动汽轮发电机发电，产生的废气用于加热。焚烧固体废纸燃料比燃煤少释放 20% 的二氧化碳，有利于环境保护[124]。

13.2　目前纸张循环利用问题

13.2.1　回收网络不健全

目前，居民主要向纸张回收商出售成型纸板、纸箱和积累的旧书、报纸、杂志。然后，纸张回收商将它们运送到下一级的废物收集站，并进入造纸厂。造成这种现象的原因是少数造纸厂考虑到经济效益等原因，不再生产低品位的毡纸。这些不同类型的废纸在一些中小型社会企业的非专业处理中正在下降，因此利用率仍然不高。

目前，各大城市的住宅小区已初具规模。大多数居住在高层建筑中的人几乎没有专门的时间来整理快节奏生活中的废纸。此外，社区不允许纸张回收商家前来采购，回收网点少且难寻，大大降低了废纸回收率。因此，很大一部分废纸被用作日常生活的普通二次材料，与生活垃圾一起被深深掩埋，无法再利用。

13.2.2　回收价格不合理

废纸与二次玻璃或二次金属的不同之处在于，它薄而轻，并且形状不固定。目前，废纸回收的价格是由重量决定的。例如，7 个饮料罐和 1kg 废弃的书籍和报纸可以卖到几角钱。通常，7 个饮料罐可以在一周内弥补，而 1kg 丢弃的书籍和报纸可以保存一两个月。这显然不能激励市民回收废纸。因此，从价格角度来看，废纸的回收利用仍然是不合理的。

基于以上分析和讨论，废纸回收再利用的形势不容乐观。原因有三：第一个原因是回收工作的范围不够大，也不够广泛；第二个原因是废纸的再利用方式单一，不可能广泛开发再生纸；第三个原因也是最重要的一点，人们变废为宝的意识不强，使废纸无法发挥其资源作用。这些因素导致了资源浪费和环境污染。

13.3　小结及展望

树木的生长需要相对较长的周期，但把它砍倒只需要几分钟。造纸业是一个消耗大量自然资源的行业，造纸工业未来的发展道路关系到我国和谐社会的构建。因此应该珍惜每一种森林资源，使环境充满绿色。

（1）切实抓好对废弃纸张的回收工作。

1）合理的回收价格。目前，废纸回收的主要方式是由商贩购买，定价过低。因此，要调动人们对废纸回收的积极性，一个有效的短期解决方案是适当提高回收价格，让居民获得更高的经济效益。近年来，国家在许多需要推广的新政策中都采用了这种方法。结果表明，人们的意识将逐渐从经济利益驱动向主动积极性转变。这是废纸回收工作的可持续发展之路，需要全体人民的支持。

2）提高回收人员素质，细化回收产品种类。城市废纸回收人员的专业素质普遍不高，对废纸回收的意义、目的和要求认识不足。建议政府组织这些人员，由专业人员协助监督，并进一步细化废纸类型的回收利用，以有效和具体地利用它们，降低因降级而造成的资源浪费程度。

3）增加回收网点，完善居民区配套基础设施建设。政府为相关回收单位提供政策支持和援助，扩大回收网点，加大回收力度。为了与居住社区的发展方向相一致，可以在每个社区设立专门的回收站，形成整个城市的连锁回收系统。这也可以增加一些就业机会，在城市基础设施建设中发挥作用。

（2）鼓励居民设置分类垃圾箱。在家中设置分类垃圾箱是提高废物回收意识和促进废物回收利用的另一个有效途径。在美国，家庭垃圾处理区通常有四个垃圾箱，用于处理废纸、塑料、二次玻璃、果皮、菜叶和其他家庭垃圾。近年来，我国居民在这方面的意识也有所提高。我国一些地区的居民已经为每家每户设置了这种类型的分类垃圾桶。然而，仅仅依靠某个居民区是不够的，因此政府应该鼓励各个居民区和一些企事业单位推广分类垃圾箱。

（3）加强书籍和报纸等废纸的再利用。中学生使用的大量书籍也是废纸的重要来源。在国外，中小学生的书一年用完，然后交给下一年的学生；在我国知名的高等教育机构中，每一位新生入学的大学生也大多向老学生借或买一些旧书。这不仅节省了经济开支，还节省了很大一部分纸张，使其更有效。因此，作者建议对书籍、报纸等具有文学价值的纸张进行妥善处理，避免浪费。

（4）研究开发纸的再生价值使其广泛应用。废纸回收利用后，经过技术处理，得到广泛应用。例如，前面提到的下角纸材料在英国被用来喂养奶牛；澳大利亚用它来喂羊，但人们发现，吃纸团饲料对牛和羊来说比吃草更好。在美国，用废纸制作酒精已经进行了很长时间，成本还不到谷物酒精的一半。上述信息表明，废纸中的植物纤维经过技术处理后可以有效地发挥资源作用，应得到广泛开发。想象一下，如果在日常生活中有更多这样的工厂，大量的废纸不仅可以有有用的地方，还可以给生活带来好处。从长远来看，研究和开发纸张的回收价值使其得到广泛应用，也是提高废纸利用率的途径之一。

（5）制定相应的法规，提高人们回收废纸的意识。在许多公共场所，有些人乱扔纸盒、杯子等，这不仅浪费了纸张资源，而且污染了环境。如果在公共场所设置垃圾分类回收箱，将乱扔二次材料的行为视为随地吐痰等不文明行为并予以处罚，那么大量废纸等二次材料将被集中收集和放置，人们的意识也将得到加强。然而，惩罚并不是终点，作者还建议政府鼓励单位学校定期对员工和学生进行环境教育，并注意废纸和周围所有废物的再利用。

14 复合材料的循环利用

树脂基复合材料主要包含热固性树脂基复合材料与热塑性树脂复合材料[125]。在加工过程中，热固性树脂材料是经过化学反应和邻近的支链通过共价键结合在一起，因此在此受热时是不会熔融变软的[126]。而热塑性树脂材料则具有较高的分子质量和较大的熔体滞后，所以在制备相应的复合材料时，制备温度大大高于其自身的玻璃化转变温度[127]。因此，热固性树脂复合材料和热塑性树脂基复合材料在成型方法和回收方面存在显著差异。

14.1 热固性树脂基复合材料

热固性树脂基复合材料是应用十分广泛的复合型材料，这种材料是通过特定的工艺将热固性树脂基体与增强纤维复合而成，在许多高科技产品中都得到了广泛的应用与研究，例如在体育器材、交通工具、皮艇划艇、民航客运机等领域都得到了应用，不仅减轻了重量，并且还强化了结构、优化了性能[128]。热固性树脂具有非常优异的应用潜能，其应用领域也会在其改性后得到更大的发展[129]。

14.1.1 热固性树脂复合材料分类

典型的热固性树脂复合材料分为以下类型。

（1）酚醛树脂基复合材料。随着对阻燃材料的强烈需求，一些大型化工公司相继开发出新一代酚醛树脂基复合材料。该类材料具有优异的阻燃性、低发烟性、低毒雾性能以及更优异的热机械和物理性能。在制备这种阻燃材料时，研究人员采取了不同的方法，通过增加不饱和键和其他官能团来提高反应速率和减少挥发性成分。推动酚醛树脂基复合材料在其应用领域的发展[130]。

（2）环氧树脂基复合材料。由于环氧树脂固有的弱点，研究人员对其进行了改性研究，重点是改善其湿热性能以提高其使用温度；另一方面是提高其韧性，从而提高复合材料的损伤容限。环氧树脂制备的复合材料已广泛应用于大型客机机翼、机身等大型主承力构件中[131]。

（3）双马来酰亚胺树脂基复合材料。在双马来酰亚胺树脂基复合材料中，由于其优异的成型性和流动性，以及优异的防潮、抗辐射、耐高温、低吸湿和低热膨胀系数等性能，该树脂将广泛应用于航空航天结构材料、绝缘材料以及耐磨材料等领域中。

（4）聚酰亚胺基复合材料。聚酰亚胺复合材料具有高比强度、比模量和优异的热氧化稳定性。它已广泛应用于航空发动机，可以显著减轻发动机重量和提高发动机推重比。因此，它在航空航天领域得到了快速的发展和应用。

14.1.2 热固性树脂预浸料制备工艺

在制备热固性树脂预浸料的过程中，通常使用两种工艺方法，即溶液浸渍法和热熔法。

14.1.2.1 溶液浸渍法

溶液浸渍法是将树脂基体中的各种成分按一定比例溶解在沸点较低的溶剂中，以获得具有一定溶解度的溶液。然后，纤维束或织物以一定的浸渍速率通过树脂基质溶液浸渍一定量的树脂基质。溶液浸渍法可分为纤维连续浸渍法和卷筒缠绕法。其中，连续纤维浸渍法的过程包括将纱架从纤维束中拉出，以将纤维束的张力调节为基本相等。通过直径调节、分散、压平、进入浸渍槽等过程，挤压去除多余的树脂，最后将其放入干燥炉中，使溶剂充分挥发。卷筒缠绕法包括将纤维束穿过树脂基体的溶液罐，穿过几组导辊以去除多余的树脂，然后将其平行缠绕在卷筒上，并沿辊纵向切割，以获得单向预浸料。溶液浸渍法的优点是可以大大提高树脂基体对材料的渗透性，可以制备薄而厚的预浸料；设备成本相对较低，可以有效节约成本。

14.1.2.2 热熔法

热熔法可分为直接热熔法和膜胶压延法。

直接热熔法是将树脂基体放入胶槽中，加热至一定温度使树脂熔化，然后使纤维束依次通过展开机构、胶槽挤出辊和重排机构。该制备过程要求所用树脂基体具有良好的流动性，并在低温下表现出良好的流动动力学，这有利于纤维束浸渍。

膜胶压延法包含有制膜和预浸两个步骤，即薄膜制作和预浸渍。需要在搅拌机中充分混合树脂基质，加热至最佳涂布温度后，使用电机枢轴的计量泵将树脂基质输送至涂布辊。调整涂布辊之间的间距，使离型纸以线速度移动，以制备不同膜厚的薄膜。取出纤维并调整张力后，通过脚轮将其聚束并压平至指定宽度。预先准备好的黏合剂模具从顶部和底部黏合剂膜辊中拉出，并与纤维形成夹层结构。然后，使用几组热压辊来达到树脂基体的熔化温度，使其完全浸入纤维中。这种预浸料坯的热熔制备方法具有线速快、效率高、树脂含量易于控制的优点；在没有溶剂的情况下，预浸料坯的挥发性含量相对较低，工艺步骤也非常安全，环境污染相对较小。目前，热固性预浸料的制备方法是常用的。

14.2 热塑性树脂基复合材料

热塑性树脂基复合材料的基体是热塑树脂，它由热塑性塑料基体、增强相和一些添加剂组成。热塑性复合材料中最典型和最常见的热塑性树脂包括 PVC、聚乙烯、聚丙烯、聚苯乙烯、聚酰胺、聚酯树脂、聚碳酸酯树脂、聚甲醛树脂、聚醚酮、热塑性聚酰亚胺、聚苯硫醚等[132]。热塑性树脂复合材料具有许多特性，以下是热塑性塑料树脂复合材料的一些特性概述。

14.2.1 热塑性树脂基复合材料的特性

（1）高强度热塑性聚合物基复合材料的密度为 $1.1 \sim 1.9 \mathrm{g/cm^3}$，仅为钢的 $1/7 \sim 1/4$，铝合金的 $2/5 \sim 2/3$，钛合金的 $1/4 \sim 2/5$。此外，热塑性树脂复合材料的机械强度通常低于上述材料，但由于其低密度，热塑树脂复合材料具有更高的比强度，并且能够以更小的单位质量承受更高的外部应力。

（2）大自由度热塑性树脂复合材料的力学性能、物理性能和化学性能可以通过合理选择原材料类型、配比和适当的加工方法来设计。由于热塑性树脂复合材料比热固性复合材料具有更多类型的基体材料，它们的材料选择和设计自由度也大得多。

（3）由于无机填料的引入，热塑性树脂复合材料表现出优异的热性能。热塑性材料的使用温度一般在 $50 \sim 100 ℃$，经玻璃纤维增强后可提高到 $100℃$ 以上。热塑性聚合物复合材料的线膨胀系数比未增强塑料低 $1/4 \sim 1/2$，可以降低产品成型过程中的收缩率，提高产品的尺寸精度。

（4）耐化学侵蚀性和良好的介电性能。这使热塑性聚合物基复合材料及其基体通常具有耐化学腐蚀的优点，通常具有不反射无线电波，并具有良好的微波传输性能。

（5）优异的抗疲劳性能。热塑性聚合物基复合材料内部有大量的界面，即使在使用过程中过载，也会导致少量纤维断裂。一方面，热塑性树脂基体通常具有一定的阻碍裂纹扩展的能力，使整个构件在短期内不会失去承载能力，并具有优异的损伤安全性。

（6）利于回收性。由于热塑性材料在受热时会熔化，这种复合材料可以重复加工和形成。废物、边角料和旧产品可以回收再处理，这提供了良好的环境保护。

就上述优异的性能和特性而言，研究人员已经确定，热塑性树脂复合材料的性能可以与热固性树脂复合材料相媲美。同时，热塑性基体的良好韧性是一个重要的技术优势，更具吸引力的方面是其降低制备成本的潜力。

14.2.2　热塑性树脂基复合材料制备方法

热塑性树脂熔点高，熔融黏度通常大于100Pa·s，黏度随温度变化很小，这给制备热塑性塑料基复合材料带来了很大困难。因此，热塑性树脂预浸料已成为制备热塑性塑料基复合材料的一个非常重要的研究方向和目标。

（1）溶液浸渍法。溶液浸渍法可以使用热塑性树脂溶液预浸渍设备及其工艺，但需要额外的熔化炉来熔化树脂并黏附到增强材料上。

（2）泥浆法。泥浆法包括将树脂粉末悬浮在具有特定特性的液体介质中。树脂粉末应尽可能细，并且可以均匀分布，以使纤维浸泡。该工艺的制备过程类似于上述溶液浸渍法。这种方法可以充分浸渍树脂，但如果增稠剂添加不当，会影响所得复合材料的性能。

（3）热压工艺。热压过程的设备是热压机，它将定量的树脂粉末均匀地涂覆在热压板上，并用增强纤维织物覆盖。接下来，放置第二层热压板，加热至树脂的加热温度以使其熔化，然后缓慢施加压力以使树脂完全浸入纤维布的织物中。这种方法更常用于由纤维织物制备的预浸料。然而，在制备单向预浸料的过程中，由于施加的压力导致纤维移位，很难确保预浸料的质量。

（4）热熔法。热塑性树脂的热熔法与热固性树脂的热熔方法非常相似。它包括使增强纤维通过树脂熔融浴，然后使用刮刀或计量辊来控制树脂的纤维混合方法。纤维混合法首先将热塑性树脂纺成纤维或薄膜条，然后根据黏合剂含量的具体情况，将增强纤维和树脂纤维按照规定的比例紧密合成混合纱线。接下来，将纤维制备成所需形状，最后，在高温下将树脂熔融到纤维中。这种方法可以有效地控制所需的树脂含量，使树脂充分均匀地浸入纤维束中。

（5）粉末法。粉末法是制备热塑性预浸料的常用方法。粉末法根据设备和条件可分为多种方法，包括粉末浸渍法、流化床法、预浸渍法和静电流化床预浸渍法。粉末法主要是在吹制的纤维上沉积带有静电的树脂粉末，然后通过高温的作用将树脂熔化成纤维。这种方法最大的优点是不需要溶剂，材料形式简单易得，制备工艺简单，纤维不受损，成本低。

对于热固性树脂预浸料，在加工、运输和储存过程中可能会发生一系列化学反应变化。因此，与热固性树脂预浸料相比，热塑性树脂在一些方面具有显著的优势。由于其聚合物含量高，热塑性树脂预浸料在上述条件下不容易发生化学反应和变化。然而，热塑性高聚合的分子量、分子量分布、纯度和其他因素也会对制备的热塑性树脂预浸料产生显著影响，从而影响要制备的复合材料。因此，需要严格控制热固性树脂和热塑性树脂制备的预浸料，以确保预浸料的质量，制备高性能复合材料。

14.3 连续纤维增强复合材料的制备工艺

近年来，复合材料产业化发展迅速，但复合材料在产业化过程中也存在许多问题。复合材料的制备和成型过程中存在许多悬而未决的问题，这些问题直接影响到复合材料制备和成形后产品的质量。在选择复合材料制备和成型的工艺条件时，应满足以下几点[133]：

(1) 在技术层面，需要在满足市场要求的同时提高产品质量；

(2) 在准备过程中，要做到操作简单，适当降低成本，提高安全性和效率；

(3) 在生产过程中，有必要尽可能减少对环境的污染。

为了满足复合材料的上述要求，有必要了解复合材料的制备过程。近年来，复合材料的制备工艺有了很大的改进，越来越能满足对产品的高要求。接下来，我们将介绍连续纤维增强复合材料的几种制备工艺。

14.3.1 RTM 成型工艺

树脂传递模塑（RTM）工艺符合复合材料行业的高生产、高消费阶段这一趋势的发展[134]。该工艺具有灵活性强、适应性强、与其他工艺集成性好等特点。闭模模塑工艺中使用的模具是上下对称的模具。下模一般较厚且坚硬，而上模分为两种：一种与下模一样，厚且坚硬；另一种类型是相对较薄、柔软或真空的薄膜。该制备工艺已广泛应用于多个领域[135]。

14.3.2 手糊成型工艺

手糊成型工艺是在手动操作下，将玻璃纤维织物和树脂基体交替铺设在模具中，在固化前将两者黏合形成。这种工艺的优点在于设备简单，易于手动控制。然而其缺点是制备的产品稳定性差、机械性能低、环境污染严重、气味强烈、对身体危害严重、含尘量高、存在潜在危害。因此，近年来，研究人员对这种成型工艺进行了广泛的研究，以改善其产品不足等缺点。

14.3.3 模压成型工艺

该成型工艺包括向金属模具内部添加一定量的待混合或预添加的材料，然后进行加热和加压处理，并在加热和加压过程中固化。这种方法的优点是在制备过程中生产效率高，可以降低制备成本，尽可能实现现代化。通过专业的生产工艺，制备的产品尺寸精度高，重复性好，可以一次性生产出形状复杂的产品。但是，在这些优点的基础上，仍然会存在一些缺点，例如模具的制备过程复杂，无形中增加了生产成本。近年来，该成型工艺得到了大力发展，并应用于长短纤维增强材料、热塑性树脂和热固性树脂基体的复合材料中。

14.3.4　铺排成型工艺

铺排成型工艺是丝束自动铺排成型技术和窄带自动铺排成形技术的统一名称。自动铺带技术主要采用带隔离衬纸的条状预浸带，在铺带前先完成定型的切割和定位。然后通过加热处理，在压力辊中按照指定的设计方向进行操作，并可以直接堆叠在半径较大的模具表面上。由于该技术所用材料的高度成熟，设计和成型方法可以实现数字化和自动化生产。因此，近年来，它已被应用于国内外许多大型复合材料构件的制备中[136]。

根据上述制备方法制备的复合材料应用于各个领域。总之，复合材料具有优异的性能，在国内外得到了广泛的应用和关注。第一点是它们质量小，力学性能优异。由于树脂基体的加入，复合材料具有高比强度、大比模量和优异的抗疲劳性能。例如，高模量碳纤维/环氧树脂的比强度是钢材的 5 倍；它的比模量是铜的 4 倍。第二点是在设计方面，树脂基复合材料成型灵活，在结构和性能上都具有优异的可设计性。通过添加增强纤维可以改变纤维的各种性能来最大限度地利用增强材料，从而提高复合材料的力学性能。其次，通过引入各种官能团来改变复合材料的化学性能，从而改变树脂基体的性能，比如添加卤素聚合物可以使复合材料具有优异的阻燃性。第三点是耐化学腐蚀性。电解质溶液中不会产生离子，因此在一般介质条件下具有较高的化学稳定性和耐腐蚀性。第四点是电气性能稳定，树脂基复合材料具有较高的绝缘性能，可以应用于许多对绝缘性能要求较高的领域。第五点是树脂基复合材料具有良好的热性能，其自身的热导率明显低于大多数材料。在一定的温度范围内，复合材料表现出良好的热稳定性。

14.4　我国复合材料产业现状及面临的挑战

14.4.1　我国复合材料产业现状

越来越多的复合材料产品融入了我们生活的方方面面，带来了便利，但也带来了许多需要改进的问题，如回收利用、减少危害等。尽管复合材料的兴起才半个多世纪，但它们已经取得了显著的成就，改变了许多高科技结构的面貌。因此，它是国际上竞争激烈的高科技领域之一，与航空、航天和国防领域息息相关。我国复合材料产业链的上游由基体材料和增强材料组成。中游根据不同的基体材料分为树脂基复合材料、陶瓷基复合材料，金属基复合材料和水泥基复合材料以及碳基复合材料。下游领域包括航空航天、汽车、建筑、风电等。

目前，我国复合材料行业约有 500 家企业，注册资本超过 5000 万元。这些企业主要生产两种或两种以上的新型复合材料，如聚合物复合材料和石墨烯复合材料；注册资本在 1000 万~5000 万元的企业有 1000 多家，主要生产纸塑复合材料、木塑复合材料等一两类复合材料。注册资本在千万元以下的企业，主要从事基础复合材料的生产。

根据中研普华的研究报告《2022—2026 年中国复合材料行业竞争格局及发展趋势预测报告》，复合材料行业目前规模相对较小，但发展潜力巨大。由于碳纤维、玻璃纤维等材料在复合材料行业的广泛应用，随着国家相关激励政策的实施，未来复合材料将经历快速增长。随着国民经济的快速发展、经济结构的转变，以及新能源、环保、高端装备制造等其他新兴产业的加速发展，我国对高性能纤维复合材料的需求将日益旺盛。交通运输和工业设备的发展对促进聚合物复合材料的发展具有巨大潜力。从子行业应用来看，航空航天、汽车和风电等行业的需求增长强劲。根据 6.6% 的全球预测增长率，到 2027 年，我国复合材料市场规模预计将达到 2615 亿元。随着电动汽车产量的增加，燃料电池汽车预计将快速增长，这两者都推动了复合材料及其成型工艺的新进展。预计 2027 年全球复合材料市场规模将达到 1120 亿美元。

从全球来看，复合材料在运输部门和工业设备部门的需求量很大，分别占需求的 24% 和 26%。目前，我国复合材料主要集中在建筑结构领域，以交通运输和工业装备领域为主力军，具有巨大的发展空间。

14.4.2 复合材料行业存在的问题及面临的挑战

经过 50 年的发展，我国复合材料工业取得了辉煌的成就。工业规模正在逐步扩大。20 世纪 90 年代初，该行业的产值仅为 10 多亿元，拥有 2000 多家生产企业和数万名员工。目前我国复合材料企业超过 3000 家，产值超过 2000 亿元，主要分布在珠三角和环渤海等地，特别以广东和山东为代表。截至 2022 年 7 月，广东共有相关复合材料企业数 619 家，占比 13.9%，山东省则有 667 家，占比 12.7%，江苏企业数量排名第三，为 469 家。工艺技术水平正在逐步提高，在 20 世纪 90 年代，手糊技术占主导地位，现在各种工艺如成型、缠绕、挤压和真空注射蓬勃发展。

近些年来，产业结构也发生了重大变化，机械化程度逐步提高。在 20 世纪 90 年代初，主要产品是波纹瓷砖、浴缸和管罐。2020 年，形成了风机叶片、压缩天然气钢瓶、汽车复合材料、冷却塔、船舶、综合浴室、管道、渔具等大型独立产业集群。与此同时，技术创新取得重大成果。开发了用于风力涡轮机叶片、船舶等的复合材料设计技术；缠绕机、拉挤机、压力机等成型设备的设计制造技术；各种标准化、专利化的检测技术；针对不同的产品有专门的设计软件技术。在质量管理方面，许多企业已经通过了 ISO 9000、ISO 14000、ISO 18000 等国际认证体系。随着应用领域的扩大，复合材料作为一种新型材料，在国民经济中发挥着越来越重要的作用。除了在军事工业中的应用，它们已经从简单的替代品逐渐转变为能源、交通、化工和电力等领域的基本材料。

在当前形势下，国家刺激内需政策的出台对复合材料行业来说是一个非常重要的机遇。玻璃纤维和复合材料行业正面临一个新的大发展时期，如城市化进程中的大规模市政建设、新能源的利用和大规模开发等。然而，复合材料行业也面临着一些问题和挑战：发展方式的转变，从快速良好发展向良好快速发展转变，以及从数量和规模到质量和效率的转变；其次，环境压力越来越大（如复合二次材料的回收和再利用），以及节能减排的法律要求。市场竞争方式也发生了转变，价格竞争转变为技术和服务竞争，技术壁垒和专利保护成为竞争手段。

复合材料二次材料的出现是该行业发展的必然趋势。产量的逐渐增加导致了该过程中边角余料的增加，以及一些产品的生命周期结束并丧失了功能的产品。复合材料行业的回收和再利用数量是巨大的。全国每年有几十万吨的二次材料等待加工，这引起了国家和有关部门的重视，并开展了相关工作。目前，还没有专业化、标准化的集中处理方法，现有的主要解决方案是深埋、堆放和燃烧。

国家先后出台了一系列回收利用政策，并于 2000 年实施了《中华人民共和国固体废弃物污染环境防治法》；2007 年颁布的《当前优先发展的高技术产业化重点领域指南》明确规定，固体二次材料资源综合利用是国家发展的重点领域之一。

解决问题的第一步是从根源入手，科学设计和合理使用材料，减少边角废料的产生，开发可生物降解和可回收的材料，如热塑性复合材料。目前，需要处理的复合材料大多是热固性复合材料，因为其自身的特点，所以在回收和再利用方面存在一定的困难。因此，在设计时就应该考虑延长使用寿命、成型方法和选择材料等因素。在设计理念方面，应该充分考虑制造和使用过程对环境的影响。对于强度要求较低的产品，可以考虑使用热塑性复合材料或天然纤维复合材料；对于有强度要求的结构构件，可以考虑使用高性能复合材料来延长其使用寿命，并减少构件失去功能后二次材料的产生。

其次，要改进和增强工艺，增加机械化成型的比例，使用低排放和低挥发性树脂，减少排放，推广使用再生材料。复合材料制造过程中的边角废料是产生二次材料的最重要途径之一，因此应高度重视对过程的控制。例如，推广使用低排放材料；使用部分回收材料替代原材料；在选择制造工艺时，应尽可能使用机械成型，以减少制造过程中二次材料和废物的产生；在模具设计过程中，减少飞边和边角的发生。

14.5 复合材料的处理的方式

要研究集中加工方式，解决行业共性问题，建立综合回收处理基地，形成规模化产业。目前，国内外复合材料的处理大多采用集中处理的方法，包括以下几种。

14.5.1 能量回收方式

能量回收技术包括流化床技术、回转炉技术和材料燃烧技术。热塑性玻璃纤维具有高能量，适合于这种方法。然而，在热固性玻璃纤维中，汽车中最常用的热固性复合材料的有机物和能量含量较低，而灰分含量较高。灰分中氧化钙含量高，对新型热固性复合材料的熟化反应有不利影响，不能用作填料。灰烬通常通过深埋处理。

14.5.2 化学回收方式

热解是一种在没有氧气的情况下，在高温下（不燃烧）将一种物质转化为一种或多种物质的方法。高温分解法回收热固性复合材料难度大、成本高，但回收效果好。热解法适用于被污染的二次材料的处理，如用油漆、黏合剂或混合材料处理的热固性复合材料部件。

在缺氧的情况下，高温分解将热固性复合材料分解为气体、燃油和固体这三种类型的回收材料。这些回收材料中的每一种都可以进一步回收。工艺设备由原料处理和进料系统、高温化学分解、净化和洗涤系统、控制系统和排放系统组成。回收的燃气用于满足热分解的需要。多余的燃气可以通过管道与锅炉和内燃机混合。固体副产品可用作 SMC、BMC、ZMC 和热塑性材料的填料，它已成功应用于具有 A 级表面的 SMC 产品。

14.5.3 粒子回收方式

颗粒回收是一种直接利用热固性复合材料作为二次材料而不改变其化学性质的方法。回收设备主要由输送机、造粒机、旋风分离器、定量进料箱、分类设备、集尘器等组成。粉碎后的细磨粉末含有一定量的玻璃纤维。它具有良好的分散性，可用于生产高附加值的增强材料。用细粉代替 $CaCO_3$ 填料和玻璃纤维制成的 BMC 产品的结构特征比标准材料高出 70%，同时填充性能提高了 50%~100%，密度降低了 10%~15%。

就技术可行性和实用性而言，破碎和回收方法是最理想的。可回收的热固性复合二次材料有多种类型，使用一般方法难以回收的热固性合成二次材料（如BMC 二次材料）也可以很好地回收，而不会造成环境污染。解决热固性复合材料二次材料的污染是一个重要的发展方向。

我国未来复合材料回收再利用的发展方向是：借鉴国外经验，建立集中的工厂，在不同地区进行处理，并以市场为导向，以行业组织为主导，与水泥和发电厂合作，充分发挥产学研的作用，与有实力的企业合作，并利用国家提供的政策支持，系统解决回收再利用问题，促进行业可持续发展。复合材料的回收和再利用需要高度重视。2023 年以后是我国复合材料回收再利用的重要时期。要加快复合材料回收再利用产业化，发挥行业组织的引领作用，认真落实国家政策，加快产业发展。

复合材料以其耐久性、高强度、优质、低维护成本和轻量化而闻名，广泛应用于汽车、建筑、运输、航空航天和可再生能源行业。它们在许多工程应用中都优于传统结构材料。与任何广泛使用的材料一样，复合材料的回收和处理是一个日益急需解决的问题。此前，由于技术和经济的限制，主流复合材料的商业回收业务非常有限，但研发活动却越来越成为热点。

14.6 热固性树脂基复合材料的循环利用

热固性树脂基复合材料具有质量小、强度高、耐腐蚀、耐疲劳、成型工艺好、可设计性强等优点，广泛应用于航空航天、体育休闲、风力涡轮机叶片、交通运输等领域。随着热固性树脂基复合材料应用的日益广泛，预计到 2034 年，全球每年将回收 225 万吨废弃风机叶片。废弃热固性树脂基复合材料主要来源于废旧产品的边角料、过期预浸料和已达到使用寿命的废料。一些热固性树脂例如环氧树脂、不饱和聚酯、酚醛树脂等固化成型后形成的三维交联网状结构具有不溶不熔性，无法再次模塑或加工，回收再利用困难，造成严重的资源浪费和环境污染。因此，开展热固性树脂基复合二次材料资源化再利用研究，扩大热固性树脂基合成材料的循环应用，对节约资源、保护环境、实现社会可持续发展具有重要意义。

为了实现热固性树脂基复合材料的资源化再利用，必须首先进行有效的回收利用。随着研究的深入，热固性树脂基复合材料的回收技术取得了长足的进步，主要包括物理回收、能量回收和化学回收方法。

14.6.1 物理回收法

物理回收法通常是指利用机械力对热固性树脂基复合材料的二次材料进行研磨、切割或压碎以回收材料的方法，该方法已成为一种最常用的方法。然而，该方法仅适用于未受污染的热固性树脂基复合材料。废弃材料会显著降低增强纤维的强度，回收材料的再利用价值较低。2001 年，北京一家企业承担了国家科技部"热固性复合材料（SMC）综合处理与再生技术研究"项目的研究工作建立了一条 SMC 二次材料循环利用示范生产线，可循环利用 SMC 二次材料 $30t/a$。

14.6.2 能量回收法

能量回收法是将热固性树脂基复合材料二次燃烧处理产生的热量转化为其他能量的方法。这种方法工艺简单，但成本相对较高，容易释放有毒气体，燃烧残留物会对土壤造成二次污染。因此，从长远来看，这种方法是不可取的。

14.6.3 化学回收法

化学回收法是指通过化学反应促使热固性树脂基复合材料二次材料中的树脂基体降解为小分子化合物或低聚物，以达到与纤维、填料等材料分离回收再利用的目的的方法。化学回收法不仅可以回收增强纤维和填料，还可以回收树脂作为原料或能源，它是目前热固性树脂基复合材料最有前途的二次材料回收方法。然而，这种方法的过程相对复杂，对技术要求很高，而且大多仍处于实验阶段。该方法主要包括热裂解法、流化床法、超临界/亚临界流体法和化学溶剂法。

（1）热裂解法。热裂解法是热固性树脂基复合材料二次材料在 N_2 等惰性气氛中热分解的一种方法[137]。热解温度和时间对树脂基体的解聚过程和纤维的完整性有重要影响。热解法通常在 300~800℃下进行。与能量回收法不同，热解法产生的低分子量有机化合物可以作为化学原料，这使得热解法在回收树脂基体方面具有明显的优势。该方法操作简单，适用于被污染的热固性树脂基复合材料二次材料。此前，已经实现了商业化运营，但再生纤维表面容易结块，碳纤维呈块状而非分散状，严重影响了再生纤维的资源利用。为了获得清洁的纤维热固性树脂基复合材料，二次材料的热分解通常需要与燃烧同时进行，即热解-气化法。但是高温和氧化会降低纤维的强度。废弃的风力涡轮机叶片首先被切割、分割，然后运到工厂进行切碎。然后，在500℃的无氧旋转炉中气化产生的气体可以用于发电或加热，然后在500℃的无氧回转炉中气化产生的气体可用于发电或者加热，并可以回收和分离旋转炉中的金属和填料。

（2）流化床法。将热固性树脂基复合二次材料通过流化床法放置在流化床反应器中，通过高温空气热流对树脂基进行热分解，并采用旋风分离获得增强纤维[138]。在550℃的流化床中，以 1.0m/s 的空气流速加热 10min，热固性树脂基复合材料的二次材料中的环氧树脂完全分解，碳纤维表面的羟基转化为羰基和羧基。尽管碳纤维表面的含氧官能团发生了变化，但再生碳纤维与环氧树脂之间的界面结合强度没有受到影响。使用这种方法回收的纤维表面相对清洁，含有金属和其他杂质的热固性树脂基复合材料的二次材料的处理效果良好，可以连续操作。然而，在反应器、分离器等中的氧化反应和严重冲击导致回收的增强纤维的长度和机械性能严重降低，而且这种方法的操作更加复杂。

（3）超/亚临界流体法。当液体处于临界状态时，其相对密度、溶解度、热容、介电常数等物理化学性质都会发生巨大变化。因此，它具有类似于液体的密度和溶解度，以及类似于气体的黏度和扩散系数。因此，在一定条件下，超临界/亚临界流体可以渗透到热固性树脂基复合材料的二次材料中并溶解树脂基体。从树脂基体中回收的增强纤维表面清洁，性能良好。水、甲醇、乙醇、正丙醇、正丁醇和丙酮都是良好的反应介质。在一定的温度和压力下，碱性催化剂可以使醇攻击醚键，促进树脂降解，降低反应温度。以超临界水为反应介质，在填充率为0.62、400℃的1mol/L NaOH水溶液中反应30min，碳纤维/酚醛复合材料的降解率可达75%。降解速率随着反应温度和反应时间的增加而增加，分解产物为各种含有苯环的物质。其中苯酚和甲基苯酚的含量（质量分数）达到33%。回收的纤维表面光滑，无树脂残留。苯酚和KOH的协同催化可以促进胺固化环氧树脂在亚临界水中的降解反应。用气质联用法对环氧树脂的分解产物进行了表征，表明其降解机理为自由基机理。与原纤维相比，再生碳纤维的表面组成和抗拉强度没有明显变化。超临界/亚临界流体法作为一种新型的回收方法，具有原料便宜、回收过程环保、回收纤维表面清洁、性能优异等优点。然而，这种方法的反应设备昂贵、要求高、反应条件苛刻、安全系数低。目前，这种方法仍处于实验室阶段，尚未工业化和规模化。

（4）溶剂解离法。溶剂离解法是指利用溶剂将热固性树脂基复合材料二次材料中的树脂基体降解为可溶性物质，实现纤维分离回收的方法。溶剂离解法操作简单，对设备要求低；没有灰尘或烟雾，但反应时间通常较长，溶剂通常会对纤维或环境造成一定的破坏；处理后的废液可能存在二次污染，目前仅限于实验室研究。硝酸作为一种强氧化剂，在低温下对环氧树脂基复合材料具有良好的分解作用。在90℃下，复合材料中的环氧树脂在8mol/L硝酸分解液的作用12h后，可降解为低分子量含苯有机化合物。由于硝酸对实验设备的耐腐蚀性、抗氧化性要求很高，一般使用的低腐蚀复合溶液通过两步法来实现环氧树脂基复合材料的高效降解和回收。首先，用乙酸预处理环氧树脂基复合材料使其分层，然后在密封条件下用丙酮/H_2O_2（或DMF/H_2O_2）的混合溶液降解。在60℃（或90℃）条件下，在丙酮/H_2O_2（或DMF/H_2O_2）混合溶液体系中反应30min后，环氧树脂降解率可达90%以上。回收纤维的表面光洁，抗拉强度为原纤维的95%以上。

（5）其他回收法。除了上述常规方法外，改进裂化、机械物理、高压破碎、微波分解、过热蒸汽和太阳能光解等新的回收方法正在逐渐出现。值得一提的是，上海交通大学团队在"上海交通大学大型民用飞机创新工程"项目的资助下，开发了一种大规模的新型裂解回收技术。将废弃的碳纤维增强树脂复合材料置于氧气浓度（体积分数）为3%~20%、温度为400~650℃的N_2气氛中处理，加热后使树脂分解气化，再将碳纤维分离回收。目前，废弃碳纤维复合材料年处理能力超过200t。这种方法可以在二次材料加工前保持其大尺寸，以避免二次材料的切割、破碎，这对于保持再生碳纤维的足够长度和提高其再利用价值更为重要。目前，该技术已被我国汽车技术研究中心列入 2015 年《车用材料可再利用性和可回收利用性通用判定指南》行业标准，具有重要的行业应用前景。

14.7 碳纤维复合材料的循环利用

碳纤维复合材料的强度是钢的十倍，铝的八倍，而且比这两种材料都轻得多[139]。碳纤维复合材料已用于制造飞机和航天器零件、汽车弹簧、高尔夫球杆杆身、赛车车身、钓鱼竿等[140]。目前全球每年的碳纤维消耗量为 30000t，大部分废物进入二次材料深埋场。目前，一些研究以从报废部件和制造废料中提取高价值碳纤维，未来还使用它们来制造其他碳纤维复合材料[141]。

14.7.1 碳纤维复合材料概况

随着航空和汽车工业的快速发展，碳纤维作为一种高强度、高韧性复合材料的增强纤维，需求量越来越大。据数据显示，仅航空航天需求的预计年增长率就在 10%~17%。近年来，全球对碳纤维的需求以每年 12% 的速度增长。据统计，2014 年全球碳纤维需求量超过 7 万吨[142]。随着碳纤维复合材料的广泛应用，垃圾的产生量也将急剧增加。粗略估计，到 2025 年，全球将有 8500 多架民用飞机退役，浪费量将非常大。此外，随着风电行业的快速发展和风机叶片尺寸的不断增加，预计到 2034 年，全球碳纤维复合材料叶片废料量将超过 22.5 万吨[143]。目前，我国复合材料垃圾量已超过 20 万吨，预计每年新增复合材料垃圾将超过 10 万吨[144]。

各行业产生的大量碳纤维废物已成为阻碍碳纤维应用和发展的突出问题，尤其是随着环境法规和复合材料废物处理法规的日益严格。为了继续保持碳纤维增强复合材料行业的快速健康发展，有必要高度重视碳纤维复合材料废弃物回收再利用技术的研发。在复合材料使用寿命结束时，有必要进行适当的废物处理和回收利用。许多当前和未来的废物管理和环境立法将要求对汽车、风力涡轮机和飞机等产品中已达到使用寿命的工程材料进行适当的回收和再循环。再生碳纤维被用作小型非承载部件的整体成型材料，也被用作片材成型和承载壳体结构中的再生材料[145]。回收的碳纤维也可以用于手机壳、笔记本电脑壳，甚至自行车水壶架。

14.7.2 碳纤维复合材料的回收方法

前些年，不可降解碳纤维复合材料垃圾主要通过焚烧来利用其燃烧产生的热能。尽管这种回收方法简单可行，但在焚烧过程中，复合材料垃圾会释放大量有毒气体，掩埋和焚烧后的灰分也会对土壤造成二次污染，因此工业化国家严格禁止使用这种方法处理复合材料垃圾。

另一种早期回收方法是将复合材料研磨、粉碎或切碎成颗粒、细粉末等，以便重复使用。加工后的材料通常仅用作建筑填料、铺路材料、水泥原料或高炉炼铁的还原剂。这种方法可以使用现有设备进行处理，通常不容易产生污染物。该方法可以回收一些含有短纤维的复合材料颗粒，但基体中的碳纤维在回收过程中已经严重受损，也无法回收干净的长纤维。因此，使用这种方法回收碳纤维增强复合材料是对高价值碳纤维的巨大浪费。

近年来，国内外对碳纤维复合材料中碳纤维的回收利用技术进行了大量的实验研究，开发出了各种碳纤维复合材中碳纤维回收利用工艺。目前，用于回收碳纤维的主要方法包括高温热解、流化床分解和超临界/亚临界流体法。由于超临界/亚临界方法的独特优势，它受到了业界的高度重视，并可能成为碳纤维的主要回收方法之一。

（1）高温热解发热。高温热解发热是目前商业上唯一可用的碳纤维增强复合材料的回收方法。这一过程包括在高温下降解复合材料，在表面获得清洁的碳纤维，同时回收一些有机液体燃料。位于日本福冈县的中试工厂每年可处理 60t 碳纤维复合材料废料。意大利开发了一种工艺技术，可以防止碳纤维在加热过程中碳化，从而使碳纤维的长度比原始纤维短[146]。自 2003 年以来，一家英国公司开始回收和加工碳纤维复合材料，成为世界上第一家商业运营的专业回收公司。该公司使用一套长度为 37m 的热分解设备，每年可处理约 2000t 废弃碳纤维复合材料。再生碳纤维的生产能力为 1200t。处理方法是在厌氧状态下加热碳纤维复合材料废料，并将温度保持在 400~500℃。所得到的清洁碳纤维可以具有原始纤维的 90%~95% 的机械性能，并且分解的热解气体或油也可以用作热分解的热能[147]。美国一家公司发明了一种碳纤维复合材料的低温低压热分解工艺。试验表明，用这种方法回收和处理的碳纤维表面基本没有损坏，与原始纤维相比，碳纤维的强度降低了约 9%[148]。丹麦一家企业利用碳纤维复合材料在旋转炉中的高温热解，在 500℃ 的厌氧条件下气化，成功回收了复合风机叶片。德国一家再生材料公司开发的一种将保护气体引入加热炉以隔离氧气的新工艺，可以确保碳纤维复合材料的碳纤维在分解后基本上没有损坏。在这一过程的研究中，公司得到了陶氏化学公司和众多研究机构的技术支持和协助，研制成功的实验装置已投入运行[149]。

值得注意的是，尽管使用高温热解方法可以获得相对清洁且长度较短的碳纤维，分解的复合材料产物也可以用于燃料或其他用途，但由于高温和表面氧化的影响，碳纤维的机械性能会显著降低，这将对碳纤维的再利用产生一定的影响。

（2）流化床热分解法。流化床热分解法是利用高温空气热流分解碳纤维复合材料的一种碳纤维回收方法。通常情况下，这一过程还使用旋风分离器来获得填料颗粒和清洁表面的碳纤维。英国诺丁汉大学对流化床热分解工艺方法进行了系统研究，结果表明，该方法特别适合回收利用含有其他混合物和污染物的废弃碳纤维复合材料部件[150]。一些研究人员在流化温度 500℃、流化速率 1m/s 和流化时间 10min 的实验条件下获得了回收纤维的表面特性。表面分析表明，碳纤维原始表面的羟基（—OH）转化为氧化度较高的羰基（—C＝O）和羧基（—COOH），但碳纤维表面的氧/碳保持不变，这种碳纤维表面变化不影响回收纤维与环氧树脂界面的剪切强度[151]。还有研究人员在流化床上对碳纤维复合材料在流化温度 450℃、流化速率 1m/s、平均粒径 0.85mm 的流化热通量条件下进行了热分解实验。回收的碳纤维长度为 5.9~9.5mm。实验表明，再生纤维的抗拉强度约为原始纤维的 75%，而弹性模量基本保持不变。因此，再生碳纤维可以部分或完全取代原来的短切碳纤维。原始碳纤维长度越长，再生碳纤维长度就越长[152]。

（3）超/亚临界流体法。当液体的温度和压力处于或接近临界点时，液体的相对密度、溶解度、热容、介电常数和化学活性将发生快速变化，导致液体的高活性、强溶解度、独特的流动性、渗透性、扩散性和其他性质。人们正是通过超临界/亚临界液体的这些特性来利用它们。通过利用它们对聚合物材料的独特溶解性来分解碳纤维复合材料，可以获得清洁的碳纤维，同时最大限度地保持其原始性能。超临界流体回收方法最明显的好处是，它可以最大限度地恢复碳纤维的原始性能，保留最大的利用价值，并使其适用于其他更高级别的应用，包括坚固的工程结构部件、汽车地板和二次飞机结构部件。我国哈尔滨工业大学的白永平等人通过在超临界水中添加氧气大大提高了分解速度，回收的碳纤维强度几乎没有变化[153]。日本学者采用 2.5% 碳酸钾（K_2CO_3）作为催化剂，在 400℃、20MPa、45min 的实验条件下进行了研究。在超临界条件下，环氧树脂的分解率为 70.9%，所得碳纤维的抗拉强度比原始纤维降低了 15%[154]。英国诺丁汉大学的皮克林研究团队研究了在超临界条件下使用各种溶剂（如水、二氧化碳、甲醇、乙醇、丙醇和丙酮）分解碳纤维复合材料的情况。结果表明，丙醇的溶出效果最好。实验结果表明，用超临界丙醇回收的碳纤维的拉伸强度和刚度比原纤维高 99%；同时，研究还表明，甲醇和乙醇对聚酯树脂具有良好的溶解作用，但溶解性较差[155]。

此外，有学者研究了碳纤维增强环氧树脂复合材料在超临界水中的分解过程。实验表明，在 673K 和 28MPa 下反应 30min 后，环氧树脂的分解率为 79.3%。当加入氢氧化钾（KOH）催化剂时，环氧树脂分解率达到 95.3%，所得碳纤维的拉伸强度可保持在原纤维的 90%~98%[156]。有人研究了废印刷电路板在固液比为 1∶10~1∶30g/mL 的条件下，在 300~420℃ 的温度下反应 30~

120min 后，在超临界甲醇中的分解机理。实验结果分析表明，在上述条件下分解的主要产物是含酚和甲基苯酚衍生物，发现随着反应温度的升高，甲基苯酚衍生物的含量增加[157]。还有人还研究了温度、压力、时间、催化剂和树脂与水的比例对复合材料分解的影响，表明原料与水的比率对环氧树脂的分解影响不大，而对分解影响较大的因素是分解反应的温度、时间和压力。同时，实验结果还表明，当原料配比为 1g 复合材料/5mL 水时，环氧树脂在 290℃下反应 75min，分解率可达 100%[158]。

还有人研究了碳纤维增强环氧树脂在（30±1）MPa 和（440±10）℃条件下被氧化超临界水分解的过程。结果表明，在树脂分解率为 85% 的情况下，碳纤维表面仍存在少量环氧树脂；当树脂的分解率达到 96% 时，碳纤维表面基本上没有残留树脂。所获得的碳纤维力学性能测试表明，随着树脂分解速率的增加，碳纤维的拉伸强度也进一步降低。分析表明，这是由于回收的碳纤维表面氧化过度所致[159]。

14.7.3 碳纤维复合材料的回收存在的主要问题

由于热固性塑料在固化处理后内部交联形成的网络结构的稳定状态，它们具有不溶于各种溶剂和在加热过程中不熔化的特性。即使经过长期储存或填埋，它们也不会分解。因此，早在 20 世纪 90 年代初，热固性复合材料废弃物的回收就受到了学术界和工业界的高度重视。然而，到目前为止，尽管一些工艺和设备已经投入生产和应用，但大部分研究仍处于试验阶段[160]。

从目前国内外碳纤维回收技术来看，碳纤维复合材料回收的主要原料是生产废料和损坏或淘汰的复合材料成分。因此，没有对不同类型的碳纤维复合材料废弃物进行系统的分类和回收；广泛使用的热熔树脂生产碳纤维束大大降低了碳纤维的性能，其性能和价格在市场上没有竞争力；尽管其他方法可以将碳纤维从复合材料中分离出来，但由于纤维缩短、性能下降及环境污染，还需要进一步地研究和改进[161]。

近年来，主要工业国家一直在对碳纤维复合材料废弃物的回收和再利用进行研究，以开发高效、经济、可行的碳纤维回收技术。其主要研究内容为粉碎碳纤维增强塑料、热分解碳纤维复合材料、催化分解碳纤维合成材料、流化床回收碳纤维复合材料等回收工艺和再利用技术。例如，一家企业参与了欧洲的一个碳纤维回收和再利用项目，使用回收的碳纤维绒或碳纤维毡加工复合材料部件。由于这些再生碳纤维的价格约为原材料价格的一半，其力学性能可达到完全由新型碳纤维制成的纤维的 85%，因此经济效益非常显著。目前，德国一家企业使用一种保护气体装置在一个特殊的加热炉中回收碳纤维。所得碳纤维在外观上与新的碳纤维没有显著差异，但它们的长度更短，强度降低。由于与新型碳纤维相比价格较低，它们可被用于飞机内部或其他复合材料部件。另据报道，波音787梦想客机将由50%的碳纤维材料制成，宝马两款新车型的客舱将由碳纤维制成。

诺丁汉大学和波音公司共同研究所有复合材料回收技术，重点研究碳纤维回收工艺。但到目前为止，这些开发工作还没有进入实质性的开发阶段，因此真正实现工业循环利用还需要一段时间。碳纤维复合材料的回收利用具有多种经济效益。碳纤维回收再利用不仅可以实现高价值材料的再利用，还可以通过碳纤维复合材料组件的回收再利用，大大降低能源消耗和环境污染。然而，目前碳纤维复合材料的回收再利用仍面临许多问题，比如：碳纤维复合材废弃物难以收集和分类；废物回收再利用的工艺技术还不是很成熟，大多数新开发的工艺技术仍处于实验室阶段，要最终实现商业化生产还需要做很多工作。目前，尽管各公司已经建立了可回收碳纤维复合材料，并可以生产可回收的碳纤维，但回收碳纤维的利用仍然受到各种因素的限制，比如机械性能不稳定，难以被用户接受，难以应用于高性能要求的部件上。

14.8　小结及展望

目前，碳纤维复合材料已成为军事、能源、交通、化工、电力等行业必不可少的新型结构和功能材料。特别是随着我国航空、汽车和风电行业的快速发展，碳纤维复合材料的应用将越来越广泛，其废物的回收和再利用将不可避免地成为一个需要面对的重要问题。研究和开发碳纤维增强复合材料的高效回收技术，将对复合材料行业的发展起到非常重要的作用，也将对环境保护和经济发展产生重大影响。因此，有必要从战略高度重视碳纤维复合材料的回收利用，特别是基础技术研究的进步；有必要密切跟踪国外研究的最新成果，并根据我国的实际情况开发出更经济实用的回收再利用方法，以服务于我国的碳纤维复合材料行业

此外，在加强对碳纤维回收方法研究的同时，还需要根据国内市场需求进一步加强指导，不断拓展再生碳纤维的应用领域，提高再生碳纤维使用比例，为行业的健康和可持续发展奠定坚实的技术基础。因此，建议有关部门加强碳纤维复合材料回收利用相关法律的制定和推广；大力开发研究碳纤维复合材料废弃物的回收、处理和再利用技术，并将其纳入国家发展规划；建立专门的研究机构和专题，积极支持高校和科研单位开展相关研究，旨在显著提高我国碳纤维回收利用的整体水平。

15 汽车材料的循环利用

汽车产业不仅是拉动国民经济发展的支柱产业，也是高消费、高排放、环境污染的重点产业。2021 年，随着复工复产、刺激消费等优惠政策的逐步出台，我国汽车产销出现回升，产销分别为 2608 万辆和 2627 万辆，同比增长 3.40%和 3.81%。2022 年，我国汽车市场产销量分别为 2702 万辆和 2686 万辆，与前一年年同期基本持平。从汽车保有量和居民可支配收入来看，未来我国汽车行业仍有较大的增长空间，总体增长趋势仍为正。2022 年的汽车总量已超过 3 亿辆，按每年约 7%的报废率计算，仅报废汽车的重量就超过 2000 万吨。报废汽车数量的快速增长给社会带来了许多问题。

15.1 报废汽车车身组成及对社会影响

15.1.1 报废车车身组成

大多数车身外壳是由金属材料制成的，主要是钢板。早期的轿车车身沿用马车车身结构，整个车身主要由木质材料制成。1912 年，爱德华·巴特首次制造了全金属车身。1925 年，文森特·兰西亚发明了承重车身。车身由冲压钢板形成的金属结构件和大型覆盖件组成。这种金属结构的车身一直沿用至今，逐渐得到改进和发展。目前用于汽车的材料包括镀锌薄钢板和普通低碳钢版本。

（1）镀锌薄钢板。自 20 世纪 70 年代以来，镀锌薄钢板被用于车身钢板。镀锌钢板由于具有良好的耐腐蚀性而被广泛应用于汽车中。早年，人们在实验中发现，当铁和锌在没有任何电线连接的情况下放入盐水中时，铁和锌都会生锈，铁会产生红锈，锌会产生白锈；如果用电线连接两者，铁不会生锈，锌会产生白锈，从而保护铁。这种现象被称为牺牲阳极保护。工程师们将这一现象应用到实际生产中，生产出了镀锌钢板。据研究，当镀锌量为 $350g/m^2$（单面）时，户外镀锌钢板（红锈）的寿命在农村地区为 15～18 年，在工业地区为 3～5 年，比普通钢板长几倍甚至十几倍。

在现今，镀锌钢板已广泛应用于汽车中，厚度为 0.5～3.0mm。其中 0.6～0.8mm 的镀锌钢板大多用于车身覆盖件。德国某品牌汽车的车身部件大部分由镀锌钢板制成（部分由铝合金板制成），而美国某品牌汽车则使用了 80%以上的双面热浸镀锌钢板。上海某合资品牌车身外盖部分采用电镀，内盖部分采用热镀锌，可确保长达 11 年的防锈防腐保质期。

（2）普通低碳钢版本。在现代汽车生产中，大多使用普通低碳钢板。低碳钢板具有优异的塑性加工性能，其强度和刚度也能满足汽车车身焊接的要求，因此它们被广泛应用于汽车车身焊接。为了满足汽车制造业对轻量化的需求，钢铁公司推出了一系列高强度汽车钢板。这种高强度钢板是在低碳钢板的基础上通过强化方法获得的，抗拉强度大大提高。通过利用其高强度特性，即使在厚度减小的情况下也可以保持车身的机械性能要求，从而减轻汽车的重量。例如，BH 钢板在低强度条件下通过冲压成型，然后进行油漆烘烤热处理，以提高其抗拉强度。相比之下，先前生产的强度为 440MPa 的钢板在使用该加工技术后可以将其强度提高到 500MPa。最初，侧板采用 1mm 厚的钢板，而高强度钢板只需要 0.8mm 的厚度。使用高强度钢板还可以有效提高车身的抗冲击性，防止行驶过程中砂石飞溅和碰撞造成的凹痕，延长汽车的使用寿命。

车辆用高强度钢板应具有高强度和良好延展性的特点。目前，高强度钢包括 BH 钢（油漆硬化钢板）、双相 DP 钢、相变诱导塑性钢（TRIP）、微合金化 M 钢、高强度无间隙熔接 IF 钢等。它们通常用于要求高强度、高碰撞吸收能和严格成形要求的零件，如车轮、补强部件、保险杠和防撞杆等零部件上。随着性能和成型技术的进步，高强度钢板被用于汽车的内外板，如车顶板、车门内外板、发动机舱盖、行李箱盖等。如今，许多中高端汽车都使用高强度钢板。

很多人认为车身的安全性是由车身的牢固性决定的，钢板越厚，就越安全。但现代汽车设计并没有这样考虑。从力学研究的角度来看，设计师认为软部件是软的，硬部件是刚性的才更安全和合理。根据不同的受力条件，一些车身可以在碰撞过程中吸收和分散能量，尽可能地减小冲击力，以最大限度地保护驾驶员和乘客。

15.1.2 报废汽车对社会影响

（1）报废车辆重返社会造成了巨大的危害。由于报废车辆本身不再符合道路行驶条件，并进行了重新改装，其性能发生了很大变化，安全系数也大大降低。报废车辆重新进入社会的一个重要途径是通过非法组装。近年来，因在道路上行驶时装配报废汽车总成而引发的交通事故频发，给人民群众生命财产安全和社会稳定造成严重危害。数据显示，在过去三年中，我国 13% 的交通事故是由使用假冒和报废的汽车零部件引起的。非法组装车辆的安全性能完全得不到保证，这是造成交通事故的主要原因之一。

（2）报废汽车造成环境污染，汽车生产过程中含有大量有害物质。除了钢铁等主要制造原材料外，汽车中还使用了大量的橡胶、塑料和有色金属，也存在砷、硒等其他物质。汽车报废后，在处理不当的过程中产生的废气、废油、废电池和报废部件造成了严重的环境污染。汽车中的废弃机油、报废旧电池和报废部件的处理不当将对周围环境造成严重污染和破坏。此外，空调制冷剂氯氟烃（俗称氟利昂，CFC）的直接排放会对大气臭氧层造成破坏，并对人类健康构成严重威胁。

（3）国产汽车往往在达到报废期后被非法延长使用时间。超过使用期限的汽车部件在车辆运行过程中可靠性下降，这可能直接导致制动器故障、转向和发动机故障，也会导致车辆运行稳定性差，并使其容易发生偏差，致使汽车在使用过程中功能下降，安全隐患增加。近年来，我国各地相继发生多起因汽车逾期使用引发的交通事故，给当事人和社会造成巨大损失。

此外，超期使用的报废汽车各部件磨损严重，油耗超过正常水平，废气排放无法达到正常标准，油耗增加，都造成了资源浪费和大气环境污染等问题。我国汽车工程师学会经济发展研究分会副会长应爱斌最近表示，针对日益严重的汽车报废问题，有人说，我国在继成为"世界上最大的停车场"后，正在成为"世界最大的汽车二次材料厂"。

汽车材料主要指汽车零部件材料和汽车运行材料。一辆汽车由数以千计的部件组成，这些部件由数千种不同质量和规格的材料加工制造而成。因此，在汽车制造中，需要应用大量的机械工程材料作为汽车零部件的材料。汽车零部件材料的数量和种类都很大，几乎涵盖了所有的传统材料和新材料。据统计，全球超过1/4的钢铁生产和超过1/2的橡胶生产用于汽车生产。汽车零部件常用的材料包括金属材料、非金属材料和复合材料。

汽车零部件的制造材料主要是金属材料，其中最常用的是钢材。有色金属和非金属材料由于其独特性，也被广泛应用于汽车制造业。近年来，为了满足汽车安全性、舒适性和经济性的要求，以及汽车低能耗、低污染的发展趋势，要求降低汽车重量以实现轻量化。因此，汽车制造中使用的钢材数量减少，而有色金属、非金属材料和复合材料等新材料的数量迅速增加。各种高性能新材料的应用，促进了汽车性能的提高和汽车工业的发展。

据统计，目前我国国产中型卡车的材料成分（质量分数）比例为：钢14%，铸铁21%，有色金属1%，非金属材料4%。一汽奥迪的材料组成（质量分数）比为62%的钢材、9.67%的铸铁、1.23%的粉末冶金、8.5%的有色金属和18.6%的非金属材料，表明了汽车零部件材料应用的发展趋势。

15.2　报废汽车黑色金属材料的分类与利用

铁质材料（俗称钢铁材料）主要分为钢和铸铁，其主要组成元素为铁和碳，因此也被称为铁碳合金。钢材性能良好，易于加工，是汽车制造业中应用最广泛的金属材料，其用量超过汽车制造业所用材料的 2/3。钢材包括碳钢、合金钢和铸铁。碳含量（质量分数）小于 2.11% 的铁碳合金称为钢，而碳含量（质量分数）大于 2.11% 的铁碳合金则称为铸铁。一般需要的汽车结构件大多由碳钢或铸铁制成，而高性能的汽车结构部件则由合金钢制成。黑色金属材料的分类主要包括以下几个方面。

15.2.1 碳素钢

碳钢，其含量（质量分数）小于 2.11%，除铁和碳外，还含有少量的硅、锰、硫、磷等元素。碳钢因其价格低廉、易于冶炼、力学性能好、机械加工性能优异而被广泛应用于汽车制造业。由碳钢制成的典型部件包括由低碳钢制成的油底壳和气缸盖罩和由中碳钢制成连杆、曲轴等。

15.2.2 合金钢

合金钢是在冶炼过程中有意添加一些合金元素以提高碳钢性能而制成的钢。常用的合金元素包括硅（Si）、锰（Mn）、铬（Cr）、镍（Ni）、钨（W）、钼（Mo）、钒（V）、硼（B）、铝（Al）、钛（Ti）和稀土元素等。汽车中一些受到复杂力的重要部件（如传动齿轮、半轴和活塞罐），如果由碳钢制成，则无法满足其性能要求。因此，合金钢也被广泛应用于汽车制造业。由合金钢制成的典型汽车零件包括变速器齿轮、减速器齿轮、活塞罐、十字轴、半轴和气门弹簧等。

15.2.3 铸铁

铸铁的含碳量（质量分数）大于 2.11%（一般在 2.5%～4.0%），除铁和碳这两种主要元素外，还含有一定量的硅、锰、硫、磷等元素。铸铁中的碳以游离石墨或复合渗碳体的形式存在。根据碳的不同形式，铸铁可分为以下类型。

（1）白口铸铁。白口铸铁中全部或大部分碳以复合渗碳体的形式存在，因其白色断裂表面而被称为白口铸铁。由于白口铸铁中存在大量渗碳体，其性能坚硬而脆，因此难以加工，很少用于直接制造零件。白口铸铁主要用于炼钢原料或可锻铸铁坯料。

（2）灰铁。灰铁中大部分碳以片状石墨的形式存在，由于其断口为深灰色，因此被称为灰铁。灰铸铁具有一定的力学性能和良好的机械加工性能，是工业上应用最广泛的铸铁。

（3）可锻铸铁。可锻铸铁中绝大多数碳以团絮石墨的形式存在，因其断裂表面呈深灰色，被称为可锻铸铁。然而，可锻铸铁不能锻造，主要用于铸造韧性好的薄壁零件。

（4）球墨铸铁。球墨铸铁中大部分碳以球形石墨的形式存在，称为球墨铸铁。球墨铸铁的强度和韧性优于灰铸铁和可锻铸铁，因此可以代替一些钢来铸造某些重要零件。

（5）蠕墨铸铁。蠕墨铸铁中绝大多数碳以濡墨的形式存在，称为蠕墨铸铁。蠕墨铸铁是一种新型的高强度铸铁。它在生产中得到了广泛的应用。

汽车上的黑色金属材料主要是钢，主要分为钢板、特种钢和铸铁。钢板包括热轧钢板、冲压钢板、涂镀钢板、复合减震钢板；特种钢包括弹簧钢、齿轮钢、调质钢、非调质钢、渗碳钢、不锈钢、易切削钢。

15.3 报废汽车有色金属材料的分类与利用

15.3.1 铝及其合金

纯铝为银灰色，密度为 $2.7×10^3 kg/m^3$，仅为铁的1/3。纯铝具有良好的塑性和压力加工性能，使其易于加工成板材、箔材和线材等型材。纯铝易于吸收冲击，具有良好的减震性能，并具有良好的导热性和导电性，仅次于银、铜和金。纯铝在大气、弱酸性和弱碱性介质中也具有良好的耐腐蚀性。然而，纯铝的强度、硬度、熔点低，焊接性能差。

铝合金是在纯铝中添加硅、镁、锰等合金元素而形成的合金。合金元素的作用提高了铝合金的强度和硬度；同时，它还具有纯铝密度低、导热性好、耐腐蚀性好的优点。铝合金通常用于制造汽车中质量小、强度要求高的零件。

15.3.2 铜及其合金

纯铜呈紫红色，故又称紫铜，其密度为 $8.96×10^3 kg/m^3$。纯铜具有优异的导电性和导热性，同时具有良好的耐腐蚀性和塑性，但其硬度和强度相对较低。纯铜在汽车上的应用主要包括两个方面：一方面是利用其导电性制造电线、电缆、电路连接器等电气元件；另一方面是利用其导热性制造散热器等导热部件。此外，纯铜还可用于制造气缸垫片、进排气管垫片、轴承垫片以及各种管道接头。

由于纯铜的高成本和低强度，它通常不适合用于结构部件。工程中常用的铜合金通常是通过在纯铜中添加合金元素而形成的。常用的铜合金包括黄铜和青铜。

黄铜是一种以锌为主要添加元素的铜合金。根据其化学成分，黄铜可分为普通黄铜和特种黄铜。普通黄铜是由铜和锌两种元素组成的合金。普通黄铜具有良好的耐压加工性能，锌含量（质量分数）一般为35%~40%，并具有一定的塑性和强度。特种黄铜是在普通黄铜中添加铝、硅、锰、锡、铅等合金元素而形成的合金。根据添加元素的不同，特种黄铜可分为锰黄铜、铝黄铜、硅黄铜、锡黄铜、铅黄铜等。

青铜是指除黄铜和白铜以外的铜合金，即铜镍合金。根据其化学成分，青铜可分为锡青铜和特种青铜；根据其加工方法的不同，可进一步分为压力加工青铜和铸造青铜。锡青铜是一种以锡为主要元素的铜合金。工业锡青铜通常具有超过14%的锡含量（质量分数）。锡青铜具有较高的强度和硬度，良好的耐腐蚀性和铸造性能，特别适合铸造形状复杂、壁厚的铸件，如青铜工艺品。锡青铜主要用于汽车制造发动机摇臂衬套、连杆衬套等。特种青铜又称无锡青铜，是一种由铝、铅、硅、铍、锰等元素代替锡作为添加剂组成的铜合金。根据添加元素的不同，特种青铜可分为铝青铜、铅青铜、铍青铜、锰青铜等。

15.3.3 镁及其合金

随着材料科学和汽车制造技术的发展，除了铝及铝合金、铜及铜合金等有色金属在汽车中的广泛应用外，镁及镁合金、锌及锌合金、粉末合金等新型合金材料也在汽车中得到了应用。镁的密度仅为 $1.74×10^3 kg/m^3$ ，不到铝密度的 2/3，是金属结构材料中密度最小的。纯镁具有低强度，并且镁合金在热处理后具有较高的强度。镁易于吸收冲击能量，具有良好的减震性能。镁具有低熔点和良好的铸造性能。镁具有良好的可回收性，但其塑性较差，压力工作性、耐热性和耐腐蚀性较差，其价格比铝贵。

镁合金和铝合金一样，可以分为变形镁合金和铸造镁合金。汽车中使用的镁合金，除了少量变形的镁合金如镁板或镁型材外，通常是铸造镁合金。目前，镁合金作为一种轻质的汽车材料，在汽车中的应用不如铝合金广泛。然而，随着镁合金性能的提高，其在汽车行业的应用正在逐步扩大。例如，汽车发动机的气缸体、曲轴箱、汽油滤清器壳、空气滤清器壳、进气歧管和风扇叶片都由镁合金制成，还有汽车底盘中的离合器壳、变速器壳、转向柱和转向器壳也由镁合金制造。此外，镁合金还用于制造车身装饰框架、车门铰链、仪表板和挡泥板支架。

15.3.4 锌及锌合金

锌的密度为 $7.1×10^3 kg/m^3$ 。锌合金强度高，铸造性能好，价格不贵，但韧性低，耐热性、耐腐蚀性和焊接性能差。锌合金主要用于铸造形状复杂、应力最小的小型结构和装饰部件。目前，锌合金用于制造汽油泵壳体、油泵壳体、变速器壳体、门把手、雨刷器、安全带扣和汽车内部部件。

15.3.5 钛及钛合金

钛为银白色，密度为 $4.5×10^3 kg/m^3$ ，熔点高达 1700℃ ，是一种高熔点轻金属。纯钛的强度与碳素结构钢相似，耐腐蚀性与铬镍不锈钢相当，韧性与钢相当。钛合金具有极高的比强度、良好的耐腐蚀性和良好的高温低温性能，但加工难度大、成本高。钛合金广泛应用于航空航天工业，目前也用于汽车。它们通常用于制造发动机连杆、曲轴、气门、气门弹簧和悬架弹簧。

15.3.6 粉末合金

粉末合金是通过压制几种金属或非金属粉末，然后在高温下烧结而形成的材料。粉末合金的冶炼和生产过程称为粉末冶金。粉末冶金是一种在完成金属材料冶炼的同时，获得所需形状和尺寸的机械元件的新技术。因此，它不仅是一种制造金属材料的冶金方法，也是一种制造机械元件的加工方法。通过粉末冶金获得的粉末合金零件只需少量切削或不切削，不仅节省了材料，简化了加工，而且实现了传统材料所不具备的某些特殊性能。

15.4 报废汽车非金属材料的分类与利用

工程中常用的非金属材料包括聚合物材料、陶瓷材料和复合材料。聚合物材料（即分子量特别高的有机化合物）包括塑料、橡胶等。复合材料包括金属之间、非金属与金属之间，以及非金属与非金属之间的复合材料，但大多数工程复合材料主要是非金属复合材料。聚合物材料、陶瓷材料和金属材料统称为三大工程材料，而复合材料是一种新兴的、有前途的工程材料。本节主要介绍车用塑料的应用情况。

15.4.1 塑料的组成

随着塑料性能的逐步提高，塑料除了被广泛用于生产汽车的各种内部装饰件外，现在还可以用来取代一些金属材料，制造某些结构件、功能件和外部装饰件。这不仅满足了某些汽车零部件的特性性能要求，也满足了汽车轻量化的要求。

塑料是一种主要由合成树脂制成并添加了某些添加剂的聚合物材料。塑料在一定的温度和压力下可以生产各种形状的产品。合成树脂是从煤、石油和天然气中提取的聚合物化合物。合成树脂是塑料的基本成分，其种类、性能和含量决定了塑料的性能。塑料的名称大多以合成树脂命名。合成树脂有许多类型，包括常用的酚醛树脂、环氧树脂、聚酯树脂、有机硅树脂、聚氯乙烯和聚苯乙烯。大多数塑料在合成树脂中添加添加剂以提高塑料的性能。添加剂有很多种，根据提高性能的目的，主要包括填料、固化剂、润滑剂、抗静电剂、增塑剂、稳定剂、阻燃剂和着色剂等。

15.4.2 车用塑料的分类

塑料的种类有很多，一般可以按以下两种方法分类。

（1）按塑料的热性能和成型特点分，可分为热塑性和热固性塑料。凡能受热软化、冷却后硬化，且此过程可多次反复进行的塑料称为热塑性塑料。这类塑料成型加工方便，已用塑料可回收使用。但其耐热性相对较差，容易变形。常用的热塑性塑料有聚乙烯、聚丙烯、聚氯乙烯、ABS 塑料、聚甲醛、聚酰胺和有机玻璃等。凡一次加热成型后，不能再通过加热使其软化、溶解的塑料称为热固性塑料。这类塑料耐热性好，不易变形，但生产周期长，已用塑料不能回收使用。热固性塑料主要有酚醛塑料、氨基塑料和环氧塑料等。

（2）按塑料的用途分，可分为通用塑料和工程塑料。一般塑料是指用于生产日用品、农产品等的塑料。这类塑料产量大、成本低、应用广泛。一般塑料主要包括聚乙烯、聚氯乙烯、聚苯乙烯、聚丙烯、氨基塑料和酚醛塑料。工程塑料是指用于制造工程部件和机械元件的塑料。这些塑料具有高强度、刚度、韧性、耐热性和耐腐蚀性，可用于代替金属材料制造机械结构件。工程塑料主要包括聚酰胺、聚甲醛、聚碳酸酯和 ABS 塑料。然而，在实际应用中，工程材料和普通材料之间并没有严格的界限。

15.4.3 车用塑料的特性

与其他车用材料相比，塑料车用材料具有许多独特的物理、化学和机械性能，其主要特征如下。

（1）低密度。塑料的密度为 $0.82\times10^3 \sim 2.29\times10^3 kg/m^3$，两者之间仅为钢密度的 1/8~1/4 和铝密度的 1/2。因此，可用作汽车零部件材料的塑料可以减轻汽车的重量。

（2）高比强度。比强度是指单位质量的强度。虽然塑料的强度比金属材料低得多，但其密度小，单位体积的质量轻。因此，相同质量的部件具有更高的塑性强度。

（3）良好的耐腐蚀性。塑料对酸、碱和盐等溶液具有良好的耐腐蚀性，可以在潮湿或腐蚀性环境中长时间工作。

（4）绝缘良好。塑料是一种很好的绝缘体，其绝缘性能与陶瓷相当。

（5）卓越的减振降噪性能。大多数塑料都具有良好的减振降噪性能，用于制造机械元件时可以大大降低振动和噪声。

（6）优异的耐磨性和减磨性能。一些塑料具有低摩擦系数、良好的耐磨性和良好的自润滑性能，可以用作轴承材料或其他耐磨材料。

报废材料的循环利用是节约资源、实现资源永续利用的重要途径，是我国实现循环经济可持续发展的重要措施之一。报废汽车回收行业的发展，不仅节约能源、减少矿源开发，保护生态环境，同时对我国汽车工业的发展、劳动力就业，以及对环境保护、减少道路安全隐患都产生了积极推动作用。

　　未来，我国报废汽车回收将会呈现出以下几个趋势：

　　（1）随着社会汽车保有量增多，报废率随之增加；

　　（2）报废汽车回收企业将全部实施升级改造，有条件的地区将建立区域性示范中心；

　　（3）将加快建立起功能齐全的网络服务平台，建立全国性或区域性的报废汽车信息服务平台，提高信息化管理水平；

　　（4）汽车材料回收装备将要更加自动化、智能化。

16　建筑材料的循环利用

随着我国城市化进程的逐步加快，建筑业发展迅速，给人民的生产生活带来了便利；同时，也带来了棘手的问题，施工单位在施工过程中产生了大量的二次材料，即建筑二次材料。该材料难以处理，污染环境，严重制约了城市的可持续发展。由于其不可压缩性，它们只能露天堆放或掩埋，需要大量的土地；有害成分也可能造成环境污染，影响环境和市容市貌。有数据显示，建筑二次材料占城市二次材料总量的 30%～40%。同时，我国也是一个资源贫乏的国家，人均资源占有率远低于世界水平。然而，建筑业是资源和能源的主要消耗者，需要大量的材料（如石灰石、沙子和黏土），它们之间的矛盾日益突出。因此，加强建筑二次材料的回收和再利用势在必行，这不仅符合建设"资源节约型、环境友好型"社会发展的理念，而且有利于我国经济的健康、快速、可持续发展[162]。

近年来，我国平均每年至少生产 13 亿吨建筑工程二次材料，而且这一数量仍呈逐年增加的趋势。二次材料的巨大建设工程严重危害我国的自然环境，不利于环境友好型社会的形成，也阻碍了我国经济社会的可持续发展。建筑二次材料的资源化利用具有减少环境污染和二氧化碳排放的双重效益。建立和完善绿色低碳循环发展的经济体系，实现"碳峰值和碳中和"的目标，具有重要的意义和价值。随着我国基础设施建设的推进，天然骨料的需求逐渐增加，建筑材料资源短缺问题也日益突出。建筑二次材料的资源化利用，不仅可以解决建筑二次材料堆放深埋带来的环境问题，还可以解决建筑材料资源短缺的问题。因此，开展二次材料资源化工作是十分必要的。

我国建筑二次材料的管理始于 20 世纪 80 年代，与欧美一些发达国家和地区相比发展较晚。然而，近年来，随着环保意识的增强和"碳中和"概念在建筑行业的引入，建筑二次材料的资源利用成为学者们研究的热点方向。

16.1　建筑二次材料的危害性及处置

16.1.1　建筑二次材料的危害性

根据原建设部 2005 年 3 月 23 日颁布的《城市建筑垃圾管理规定》，建筑固体废物是指建设单位新建、改建、扩建、拆除各类建筑物、管网及居民的房屋装饰过程中产生的弃土、废料和其他二次材料。2018 年，住房和城乡建设部发布了《建筑废弃物再生工厂设计标准》（GB 51322—2018），将建筑固体废物定义为基于不同生产来源，在建造、扩建、改建、拆除各种（建筑）构筑物、管道和装修过程中产生的固体废物；2019 年，住房和城乡建设部在《建筑垃圾处理技术标准》（CJJ/T 134—2019）中增加了建筑固体废物类别，即建筑固体废物是工程垃圾、工程浆料、工程二次材料、拆迁二次材料和装修二次材料等的统称。并明确指出，建筑固体废物必须分类收集、分类运输、分类处理和处置（经检验认定为危险废物的建筑二次材料除外）。通过分析研究，结合各种标准和学者的见解，建筑固体废物可以定义为各种建筑、构筑物和市政工程在施工、改造、拆除、工程装饰和建筑材料生产过程中产生的二次材料，主要包括废砖、碎石、废混凝土、废金属、废塑料、废木材等。

目前，我国建筑二次材料加工技术刚刚进入起步阶段，二次材料管理工作还不成熟，缺乏经验。因此，传统的建筑二次材料加工方法主要是深埋法。我国对建筑二次材料大多采用深埋处理方法，但这种"低水平"的处理方法并不能消除建筑二次材对环境的污染；相反，它会造成永久性的危害。特别是对于可以分类再利用的一小部分建筑二次材料，处理不当会造成严重的环境污染。据数据统计，我国每年生产 4 亿多吨二次建筑材料，按 $1m^2$ 堆放 1.6t 二次材料计算，如果完全掩埋，它将消耗我国大量的土地资源。

同时，建筑次生材料的深埋处理会对生态环境造成严重破坏，并大大降低土壤质量。二次建筑材料中存在沥青等威胁性材料和有害金属，一旦渗入土壤，就会破坏土壤中的养分，造成严重污染。如果人类在受污染的土地上从事生产和生活，那么将危及身体健康。在城市建设中，使用多种材料进行装饰。因此，建筑中的二次材料种类繁多，二次材料的形状和使用状态也各不相同。如果不加以处理，那么将造成大规模污染。我国一些地区对二次材料的管理可能没有得到重视，导致建筑二次材料随意堆放的现象。当它在户外环境中或暴露在长时间的阳光下时，若城市中发生降雨，材料中的混凝土会发生一系列反应，从而改变土壤的酸碱性质。建筑中使用的石膏与雨水结合时，其中的有害物质会通过雨水流入土壤和河流，甚至对海洋和湖泊造成污染，严重破坏生态环境。此外，建筑材料中有大量灰尘，在二次材料加工过程中很容易进入空气。特别是遇到大风时，空气中大量的灰尘严重影响城市的空气质量，导致空气质量不佳，甚至引发雾霾天气。

16.1.2 建筑二次材料处置现状

尽管国内一些企业对建筑二次材料的回收利用技术进行了研究并取得了一定的成果，但总体而言，我国建筑二次材的回收利用和处理仍存在几个主要问题。

16.1.2.1 政策约束力不足

建筑中二次材料的处理和利用是一项涉及社会各阶层的系统工程，如何处二次材料存在组织协调问题。建筑二次材料如何收集、谁来组织收集、存放在哪里、谁来解决存放用地、谁来牵头利用、谁来负责组织协调等问题在国内尚不明确。全国约有70条建筑二次材料年处理能力在100万吨以上的生产线，资源利用总量不足1亿吨；然而，实际生产能力不足50%，而且大多处于非营利状态。农村也有一些小企业利用建筑渣土、废渣等材料生产砖瓦，大多还存在二次材料原材料得不到保障的问题。为了节省运输等成本，建设单位不愿将二次建筑材料送到资源处理厂，也存在对再生产品质量的担忧。此外，再生产品与原生产品之间没有明显的价格优势，所以没有选择再生产品的热情。资源处理厂的产品销售情况不容乐观。与城市建设项目或道路项目中的二次材料生产相比，农村地区的二次物质生产相对较少，时间不集中，地点分散。因此，很少有关于农村地区，特别是远离城市（县）的地区，没有深埋场或二次材料回收企业的二次材料集中放置、运输和回收的报道，这也导致了农民有意无意的无序行为。

16.1.2.2 法规亟待完善

目前，我国促进建筑二次材料回收利用的政策法规还不健全。在政策层面，目前尚不清楚政府如何支持建筑二次材料的回收，制定了哪些政策来支持和促进建筑二次材的回收，现有政策如何实施，哪些部门组织协调，如何解决储存用地问题，如何从经济上支持，以及如何指导政策和法规。2010年以来，我国许多地区虽然制定了建筑二次材料管理的政策和办法，但大多没有明确建筑二次材料资源化利用的要求，二次材料资源化利用率仅维持在20%左右。缺乏统一规划是当前我国建筑二次材料加工业发展的主要短板。二次建筑材料监管处于多重管理状态，包括住房和城乡建设体系、市容市貌、城市管理。发达国家和地区早就认识到建筑二次材料管理不规范的危害，高度重视建筑二次材"收运处"一体化管理。他们根据自身情况制定了相应的管理措施和处置计划。此外，从财政角度看，各地大部分可再生资源产品没有被纳入政府的公共建筑材料清单，直接导致财政补贴难以获得，这也有效影响了实体处置企业的积极性。

16.1.2.3 临时处置点不规范

我国对二次建筑材料的分拣、堆放和分拣技术非常缺乏。特别是在建筑用二次材料制备再生混凝土骨料的过程中，对破碎、筛选、分级、清洁和堆放技术的研究仍然很少。从政策法规的制定到公众的认可，对建筑二次材料的重视都有些欠缺，导致许多城市建筑二次材没有按规定运到指定地点，而是被直接清理并运到郊区和农村的池塘和低洼地区进行随意填充。根据《全面推进农村垃圾治理的指导意见》等文件的相关要求，灰渣等惰性二次材料可就近铺设、填坑、埋置。在对农村地区的调查中发现，农村农田种植区有一些历史悠久的冲沟和干坑，被用作了二次材料堆场。一开始，这些二次材料堆场中的一些是为了承担该地区房屋翻新和地面平整产生的二次材料的施工而设立的，而另一些则是附近城市建设产生的二级材料的"非法"储存场所，一般不采取防渗防尘措施，没有专门的单位或人员负责污水排放等环保措施运行维护管理。

16.1.2.4 资金保障不够

建筑中的二次材料废料本身已经没有价值，只有回收后才能产生新的价值。二次材料的收集、运输、储存、分拣、破碎、筛分等方面都需要投资。除了拆除后经过清理的金属、木制品和砖块外，还可以通过废物回收获得一些回报。我国建筑二次材料回收企业使用的是废弃砖块、废弃混凝土加工而成的骨料，以及低标准混凝土、空心砌块、混凝土空心隔墙板等回收产品，其附加值较低，一般低于每个处理过程的总成本；制造再生产品的成本通常高于使用新原材料制造的产品，这往往使再生企业无利可图，并直接影响建筑二次材料再生工作的开展。

16.1.3 国内外建筑二次材料处理方法

与我国相比，发达国家和地区在建筑二次材料回收管理方面做得较好。对于建筑施工中的二次材料管理，发达国家和地区采取了"谁产生垃圾、谁负责、谁付费"的理念，既合理又积极。一方面，这可以使施工企业和单位采取措施，减少二次材料的生产，减少二次材料在施工中的危害；另一方面，它也可以减轻政府的负担，更好地履行其监管和指导责任。为了很好地实施这一机制，政府需要在全市范围内建立一个全面的二次材料监测系统，建立一个高效地收集、运输和处理二次材料的信息系统，并使用计算机网络控制全市的二次材料。

美国政府颁布了《超级基金法》，规定任何生产工业二次材料的企业都必须妥善处理，不得随意倾倒。因此，二次建筑材料的生产在源头上受到限制，促使各种企业有意识地寻求将建筑二次材料作为资源加以利用的方法。美国房屋建筑商协会正在推广一种"资源保护屋"，其墙壁是用回收的轮胎和铝合金废料建造的。屋顶使用的大部分钢材都是从建筑工地回收的，使用的板材是由锯末、碎木和20%聚乙烯制成的。屋顶的主要原材料是旧报纸和纸箱。这种类型的住宅不仅积极利用废弃的金属、木材和纸板，而且有效地解决了住房短缺与环境保护之间的矛盾。

通常情况下，建筑材料如石头比回收材料的原材料价格更低。由于土地面积小，资源相对稀缺，日本的建筑材料价格高于欧洲。因此，日本人将建筑二次材料视为建筑副产品，并高度重视其作为可再生资源的再开发利用。例如，港口设施的基础设施配件和其他翻新项目可以使用回收的石头来代替相当数量的天然采石场砾石材料。1977年，日本政府制定了《再生骨料和再生混凝土使用规范》，先后在各地建立了以加工混凝土二次材料为主的再生加工厂，生产再生水泥和再生骨料。最大的生产规模可加工生产100t/h。1991年，日本政府制定了《资源再利用促进法》，规定施工过程中产生的杂物、混凝土块、沥青混凝土块、木材、金属等次生材料必须送往"再资源化设施"进行处理。日本对建筑二次材料的主导政策是尽量减少建筑工地的建筑二次材料的排放；二次建筑材料应尽可能重复使用；如果在重用方面存在困难，则应适当处理。

法国 CSTB 是欧洲领先的废物与建筑集团，专门协调欧洲的废物和建筑业务。该公司提出的总体废物管理计划有两个主要目标：一个目标是通过研究新设计的建筑产品的环境特征，从源头上控制建筑工地废物的产生；另一个目标是在施工、改善及清拆工程中，通过对工地废物的生产及收集做出预测评估，以确定有关的回收应用程序，从而提升废物管理的层次。该公司基于强大的数据库，使用软件工具分析和控制建筑二次材料从生成到加工的整个过程，以帮助在建筑使用寿命的不同阶段作出决策。例如，它可以评估建筑产品的整体环境保护；根据相关的执行过程、维护类别和不同类型的建筑拆除，评估某一产品产生的废物的减少程度；向顾问、总承包商和承包机构（客户）提供关于某一产品或产品系列对环境和健康影响的相关概述信息；可以根据废物的最终用途或质量制订运输计划；从技术、经济和环境方面评估任何使用"回收"原材料的新工艺的可行性，并评估产品的性能。

有统计显示，荷兰每年产生 2300 万吨建筑垃圾，主要是拆除和翻新旧建筑的产品（石头、金属、塑料和木材等杂项材料），但大部分被处理为碎石用于道路建设。为了实现更高水平的回收利用，荷兰建筑业采取了对现有建筑中的材料进行数字化分类的方法。目前，90%以上的建筑垃圾可以回收。荷兰制定了一系列法律，以建立一个质量控制体系，限制倾倒和强制回收废物。荷兰建筑垃圾回收再利用的重要副产品是筛砂。沙子很容易被污染，其再利用受到限制。因此，荷兰采用了沙子回收网络，由分拣公司负责有效筛选沙子。根据其污染程度进行分拣，储存干净的沙子，并清理受污染的沙子。

瑞士目前建筑存量 21 亿吨材料（主要包括 8 亿吨混凝土和 6 亿吨砂石），其中 14 亿吨已用于地面建筑，这将是未来建筑二次材料的主要来源。据统计，近年来，瑞士每年生产约 1110 万吨二次建筑材料。处置方法主要包括直接在建筑工地上使用、回收、深埋和燃烧。

新加坡的二次建筑材料综合利用具有以下特点：实施源头削减战略；二次建筑材料的分类和利用；规范建筑二次材料加工市场；土地奖励和财政支持；健全的政府监管体系。

综上所述，这些国家在建筑二次材料综合处置和利用方面的经验可总结如下。

（1）有比较完善的法律法规体系，及早及时制定发展建筑二次材料经济的规划和原则。政府的重视和支持非常有利于二次建筑材料的处置。

（2）实施建筑二次材料源头削减战略，即通过科学管理和有效控制措施，在建筑二次材料形成之前减少其数量。对于建筑中产生的二次材料，采用科学的方法进行回收利用，逐步形成可再生资源产业。

（3）制定合理的二次建筑材料收费政策，强调政策、法规和经济手段相结合。上述经验对我国建筑二次材料的回收利用具有重要的借鉴意义。

16.2 建筑二次材料再生利用有效措施及利用方式

16.2.1 建筑二次材料再生利用有效措施

16.2.1.1 规范建筑二次材料深埋场

目前，我国建筑二次材料深埋场的建立、运营和维护仍处于法规和行业标准阶段，行政约束力较弱，导致一些临时储存和深埋处置点出现各种二次材料混合和环境污染。因此，在继续大力推进建筑二次材料资源化利用的同时，也要完善建筑二次材深埋（暂存）场所的规范设置，确保二次材料的临时储存不会对环境产生影响，并可在建筑材料资源稀缺且条件成熟时作为可再生资源进行再利用。

建筑二次材料的临时存放地或深埋地主要分布在郊区或农村地区，但大多数建筑二次材生产在城市或城镇。城镇各有关部门要协调规划，把建设二次材料的临时存放点和深埋点作为城乡发展的重要基础设施，并预留相应的财政资金用于建设，防止环境污染。

16.2.1.2 注重二次材料分类

在对建筑中的二次材料进行分类时，应在二次材料生产之前建立一个全面的分类系统，考虑到城市发展的特点和实际情况，避免二次材料过度生产导致分类工作不理想的情况发生。为了在建筑二次材料分类方面取得积极成果，有必要减少实际工作中的复杂环节。分类人员应与施工单位取得联系，并通过及时沟通，初步了解施工现场产生的建筑二次材料情况。应该对其进行分类、回收、堆放和统一处理。这种方法一方面可以大大提高建筑二次材料分类的效率，另一方面可以降低二次材料管理的成本。

此外，在制定二次材料分类系统时，各部门不仅要压缩生产成本，降低分类难度，同时要求施工单位和分类人员在实际工作中严格遵守分类规定，确保施工中的二次材料分类制度能够真正落实到基层施工中。全面推进二次材料分类工作的开展，对分类加工有严格要求。在区分了二次材料的种类后，进行分类堆放，有利于二次材料资源再利用工作的快速衔接，确保二次材料管理工作各方面的顺利进行。

16.2.1.3 扶持二次材料再生企业

首先，地方发展改革部门要按照国家有关产业政策，充分论证和优化建设项目实施方案，为资源利用项目决策提供有力支持；同时，会同财政部门，借鉴政府环保产业发展专项资金、国家节水专项资金等相关优惠政策，为在建二次材料加工资源型综合利用建设项目申请政府融资支持。其次，地方税务机关还应依法对符合规定的综合利用建设项目实施所得税减免优惠政策。二次材料资源再利用项目建设应扣除90%的所得税作为当年所得税余额，对符合规定的综合利用建设项目免征全部所得税。最后，地方财政要为开发利用二次材料加工资源综合利用的建设项目提供必要的资金保障。政府通常提供所需投资的30%的补贴，用于资助二次材料资源回收企业的建设和设备采购项目。项目成功投产后，市财政每年可为1万吨以上建筑二次材料的处置和使用提供相应补贴。补贴标准按照市物价部门核定的建筑二次材料处置费征收标准执行。

16.2.1.4 二次材料循环利用

通过大力推动建筑二次材料的回收利用，可以提高先进理念的影响范围。由于建筑中二次材料的回收利用，相关部门需要在这方面投入一些资金，这是新技术研发的基础。从目前我国建筑业对二次材料资源的管理来看，二次材料的回收利用方式单一，但仍有很大的改进空间。因此，相关二次材料管理部门应更加重视建筑二次材料的回收利用，并利用各种手段推广先进的二次材料回收技术，加快二次材料再生利用的速度，提高建筑二次材加工的效率。

16.2.2 建筑二次材料循环利用方式

16.2.2.1 再生骨料无机混合料

制备无机混合物的关键技术包括混合搅拌工艺设计、配合比设计、最佳含水量和最大干密度设计。无机混合料与混凝土的配合比设计不同。配合比设计需要通过力学性能指标和综合经济指标来确定混合料的胶黏剂含量和配比。最佳含水量和最大干密度设计要根据室内击实试验确定参数值，再生无机料采用的是重型击实试验法[163]。以国内某环保科技有限公司为例，该公司开发生产的矿渣微粉以废渣为原料，符合国际标准 S95 和 S105 级。该产品可以部分替代水泥熟料，间接减少矿山的开采量，既保护了矿山，又大大节约了成本。公司与当地几家领先的水泥企业建立了合作关系，产品前景广阔。矿渣微粉是一种无机矿物掺合料，属于建筑材料，可提高混凝土的强度和性能。矿渣微粉是国内外公认的一种耐久性好、可作为水泥添加剂的材料。与普通硅酸盐水泥相比，矿渣水泥具有巨大的市场潜力。

16.2.2.2 再生混凝土

再生混凝土是将废弃混凝土块破碎、清洗、分级，按一定比例和级配混合，部分或全部替代砂石等天然骨料（主要是粗骨料），再加入水泥、水等，形成的一种新型混凝土[164]。经测试，再生混凝土与普通混凝土的性能无显著差异，其黏度和抗渗性能优异。因此，当使用再生骨料时，可以使用就地取材。公路工程可以使用再生混凝土骨料来制造新的混凝土浇筑路面。在再生混凝土骨料中加入矿渣粉（作为早期增强剂）后，其耐腐蚀性、抗渗性、耐久性等性能都得到了极大的提高。这种材料特别适用于恶劣的环境，如海水工程。这不仅节省了大量的运输成本和成本，而且有利于保护环境，提高经济效益和社会效益[165]。

16.2.2.3 再生钢材

目前，二次钢材回收率相对较高。钢的化学和物理性能非常稳定。只要将钢铁与建筑分离，就可以很好地进行再加工，变成废物，并节省铁矿石资源。地下管网的建设规模巨大，需要使用大量的钢材，这些钢材可以回收利用以降低材料成本。

16.3 建筑二次材料在道路中的循环利用

随着我国城市化进程的逐步加快，以及建筑业的迅速发展，施工单位在施工过程中产生了大量的建筑二次材料，难以处理，污染环境，严重制约了城市的可持续发展[166,167]。由于其不可压缩性，它们只能露天堆放或掩埋，需要大量的土地，也可能造成环境污染，影响环境和市容市貌。建筑的再生二次材料可用于回填材料、轻质砌块生产、再生骨料、再生混凝土、再生路面等[167]。

建筑二次材料是指建筑施工单位在建筑施工、维护和拆除过程中产生的固体二次材料，主要来自道路开挖、土地开挖、建筑工地施工、旧建筑拆除和建筑材料生产五个方面[168]。混凝土在建筑二次材料中所占比例最高（为41%），其次是陶瓷、木材、金属、玻璃和瓷砖。从组成和结构上看，为建筑二次材料在道路工程中的应用创造了独特的条件[169]。道路作为城市基础设施的重要组成部分，为城市发展、人民出行和物资周转创造了条件。水泥混凝土路面和沥青混凝土路面均由土质地基、路基和路面组成。路基和路面通常由粗细骨料、填料和混凝土铺设，这为建筑二次材料的推广和应用创造了条件[170]。

16.3.1 路基填料

对于城市道路，由于施工、交通、环境等方面的特殊性，路基的填筑标准更高。路基填料应优先选用级配良好的碎石土、砂土等粗粒土。当条件不可用时，可以使用无机黏结剂（如石灰、水泥和粉煤灰）来处理填料。目前，这些材料通常是通过挖掘山脉、石头和土壤获得的，导致大面积的山脉和土地被挖掘，引发自然灾害，破坏生态环境。建筑二次材料的主要成分是混凝土、矿渣等，经过多年的使用，其性能相对稳定。如果回收和处理得当，它们可以用作路堤的回填土，这不仅节省了资源，还保护了环境。

16.3.2 基层材料

基层是路面结构的受力层，一般采用半刚性材料、刚性材料和柔性材料。然而，我国的道路大多使用半刚性材料，这不仅节省了投资，而且充分利用了当地材料。半刚性基层主要包括水泥稳定碎石（砾石）、石灰稳定碎石（砂砾）等。组成材料包括碎石、黏合剂和土壤。这些材料也是构成二次混凝土的主要原材料，所以建筑二次材料可以用于道路基层，但必须经过一定的筛选、破碎和选择过程。

对于旧水泥混凝土路面和沥青路面，可以使用专门的设备进行现场再生，而不需要来回运输研磨材料。再生材料用于道路的基层或底基层，但沥青路面再生的厚度有限，一般不超过6cm。沥青路面的再生过程可分为现场地热再生和现场冷再生，这两种再生都需要一定的工艺，如铣刨、破碎、添加新材料、搅拌、摊铺、碾压和养护等。旧水泥混凝土路面可以使用专业的破碎设备，在新的路面结构中使用之前，可以在现场进行原位破碎和稳定。该技术对设备要求高，设备投资成本昂贵，容易出现反射裂缝等问题。

集料堆场回收是指将材料或其他混凝土结构从道路碾磨和破碎运输到专门的集料堆场，之后再进行重新筛选和集中破碎。根据压碎材料的黏合剂含量和颗粒级配，添加必要的黏合剂、再生剂和集料，搅拌均匀，并运输至现场。然后使用特定的设备和施工技术摊铺混合物，用于新路面结构的基层或底基层。与现场再生技术相比，集料场再生得到的混合料性能相对理想，对设备的依赖性相对较低。在水泥路面再生方面，与天然集料相比，使用再生骨料制备基层混合物可以降低约20%的成本。

16.3.3 路面应用

二次建筑材料在路面上的应用主要是指将混凝土压碎并筛分，然后与黏结剂、再生剂、骨料等按适当比例混合，形成具有一定路用性能的再生混凝土。对于旧沥青路面的再生，主要用于替代一些新的骨料，全部采用混合料性能不满足相应规范的要求；对于水泥混凝土，只要级配合适，再生骨料可以用来代替一些新骨料或全部骨料；同时，再生骨料还可以作为水泥生产的原材料，使用再生水泥搅拌混凝土和铺设水泥路面。再生骨料的吸水率远高于天然骨料，因为再生骨料表面附着有一部分水泥砂浆，其孔隙率相对较高，导致吸水率急剧增加。天然集料的表观密度大于再生集料。一些研究指出，骨料的密度与再生混凝土的密度和弹性模量密切相关。再生骨料制备的混凝土强度低于天然骨料制备混凝土的强度。这表明，在使用再生骨料制备混凝土时，应适当控制添加剂的比例，以避免强度退化。再生骨料的含泥量和针状颗粒含量高于天然骨料，而压碎值低于天然骨料。泥浆含量越高，针片状颗粒含量和压碎值越大，则构件的强度越差。因此，在实体工程中使用时，有必要通过试验提前确定合适的配合比，以确保强度满足相应规范的要求。

16.4 沥青路面材料的循环应用

16.4.1 再生目的与意义

与旧沥青相比，再生沥青在复合流动性和流变性能方面有显著改善。使用工业废渣时，应进行环境评价，避免污染自然环境。沥青路面材料再生的关键在于沥青的再生。沥青的再生是沥青老化的逆向过程。在老化的旧沥青中，添加一定组分的低黏度油（即再生剂），或添加适当稠度的沥青材料，通过科学合理的工艺，可以生产出黏度适当的再生沥青，满足道路性能要求[171]。

在沥青路面材料的搅拌、运输、施工和使用过程中，由于加热和各种自然因素，沥青逐渐老化并改变其胶体结构，导致沥青渗透性降低，黏度增加，延展性降低，同时反映沥青流变特性的复合流动性降低，沥青的非牛顿性质表现得更为显著。沥青的老化削弱了沥青与骨料颗粒之间的结合力，导致沥青路面硬化，进而导致路面颗粒脱落和松动，降低了道路的耐久性。

旧沥青路面现场热再生是用联合加热机将原老化路面的沥青混凝土熔化，用加热耙机将其疏松，加入一定量的再生剂和新沥青，用摊铺机将旧路重新摊铺压成新路面。在施工过程中，应注意控制温度、耙厚度、混合材料的均匀性、井周处理、压实度和周围的绿化保护。沥青路面材料的回收利用可以节省大量的沥青和砾石材料，节省工程投资，同时便于废物处理，节约能源，保护环境，具有显著的经济效益和社会效益。

16.4.2 再生剂要求与选择

当沥青路面中的旧沥青黏度高于 10^6Pa·s，或渗透度小于 40（0.1mm）时，应在旧沥青中加入低黏度的再生剂，以调节过高的黏度，软化脆硬的旧沥青混合料，以利于充分分散，并与新材料均匀混合。再生剂主要使用低黏度的石油基矿物油，如提取油、润滑油、机油和精炼润滑油时的重油。为了节省成本，上述各种油的废料可以用于工程中。再生剂还可以渗透到旧沥青中，使凝结的沥青质再次融化和分散，调节沥青的胶体结构，改善其流变性能。

16.4.3 沥青再生混合料配合比

再生沥青混合料的配合比设计可采用普通热拌沥青混合料设计方法，包括骨料级配和混合料各项物理力学性能指标的确定。经验表明，再生沥青混合料的配合比设计应考虑旧路面材料的质量，即再生沥青的老化程度、旧材料中沥青的含量和骨料级配。必须平衡再生沥青的配合比、骨料级配和性能。再生剂的选择和用量应考虑再生沥青的黏度和再生剂的黏度等因素。如果直接用于交通量大的路面层，则旧料含量（质量分数）应尽量低，占 30% ~ 40%；当流量不高时取高值，旧材料的含量（质量分数）占 50% ~ 80%。

再生沥青混合料的生产根据不同的回收方法、回收地点和使用的机械设备，可分为热拌和冷拌回收技术、手动和机械混合以及现场回收和工厂混合回收。当使用间歇式搅拌机进行混合时，旧材料的含量（质量分数）通常不超过 30%；当使用滚筒式搅拌机进行混合时，旧材料的含量（质量分数）可以达到 40% ~ 80%。

16.4.4 沥青再生工艺

目前，再生沥青混合料最佳沥青含量的测定方法采用马歇尔试验法，技术标准原则上参照热拌沥青混合料技术标准。由于再生沥青混合料成分的复杂性，可以适当放宽或不要求单独的指标，并根据试验结果和经验确定。再生沥青混合料的性能测试指标包括空隙率、矿物空隙率、饱和度、马歇尔稳定性、流动值等。再生沥青混合气的测试项目包括车辙试验动态稳定性、残余马歇尔稳定性、冻融劈裂抗拉强度比等。技术标准参照热拌沥青混合料标准。

16.5 小结及展望

在二次材料建设中，利用自然资源不仅产生纯粹的效益，还产生相应的社会效益和生态效益，适应了可持续发展理念的需要，从而促进了经济社会的可持续、快速、健康发展。随着我国建筑二次材料综合利用政策措施的逐步规范和完善，建筑二次材料资源化利用的效益将逐步凸显。在建筑二次材料信息资源利用领域，它也将成为投资热点，并形成显著的社会和环境经济效益。

17 家电及电子产品的循环利用

随着电子产品在人类生活中的日益丰富，电子二次材料的数量也在逐年增加，但大量的电子二次材料并没有得到合理的回收利用。据统计，我国平均每年有数百万台冰箱、电视、洗衣机和电脑报废。这些电子二次材料被适当回收，可以分离和提取大量的金、银和铂等贵金属，使其成为一座宝藏。如果回收不当，电子二次材料中含有的大量危险、有毒有害物质将进入我们的生活环境，对人类健康构成严重威胁[172]。

电子二次材料主要是指已经淘汰或报废的电脑、手机、洗衣机、空调、电视机等家用电器或电子产品。电子二次材料的基本特征是既具有资源性又具有污染性。一方面，可回收电子二次材料的潜在价值是显著的。根据计算，使用从电子二次材料中回收的金属代替通过采矿、运输和冶炼获得的金属，可以减少97%的采矿废物、86%的空气污染、76%的水污染和40%的水消耗，节省90%的原材料和74%的能源。另一方面，电子二次材料对人类健康和生活环境造成了巨大危害，使无害化处理变得困难。电子产品制造中使用的原材料成分复杂，电子二次材料含有广泛的有毒有害物质。如果电子二次材料被随意掩埋、丢弃或焚烧，会产生大量的废液、废气和残留物，严重污染环境，甚至造成严重的环境灾难[173]。

2021年1月1日，我国首部关于电子垃圾合理再利用的法规《废弃电器电子产品回收处理管理条例》正式实施。2021年4月，环境保护部发布了《废弃家用电器与电子产品污染防治技术政策》，规定实施污染者负责的污染防治政策。家用电器和电子产品的生产者（包括进口商）、生产者和消费者对其废弃家用电器和电气产品的污染防治负有法律责任。2021年5月，我国出台家电"以旧换新"政策。这是在国务院领导下，有关部门共同研究、推动的一项利国、利民、利企的好政策。

17.1 已用家电回收处理

已经失去使用功能的电器二次材料，实际上蕴含着丰富的可利用再生资源。以旧电视机为例，外壳是塑料，电线和变压器含有金属铜，荧光屏是玻璃材料。这些，都是可以循环使用的再生资源。如果能够科学利用，这些堆积如山的电器二次材料，将会成为原生资源的重要补充。

已用物资的循环利用，不仅可以弥补社会经济发展中的资源不足，而且与使用未经过加工生产的原生资源相比较，具有生产消耗低、污染物排放少的优点。因此，世界各国都把已用物资的循环利用作为发展循环经济的一个重要环节给以扶持。

由于历史原因，长期以来，从事废物回收处理的行业大多是小企业或个体作坊。设备简陋，操作不规范。有毒有害物质的回收和处置缺乏安全保障。例如，电视荧光屏中的荧光粉含有金属汞，如果处理不当，会对人体造成伤害；空调和冰箱中的氟利昂会破坏臭氧层，回收时必须使用专门的回收设备。同时，对于这些对健康构成威胁、污染环境的危险品，应严格按照操作规程妥善储存，避免泄漏。

17. 1. 1　已用电视机的分解

在拆解之前，有必要对电视机的主要结构有一个基本的了解。电视机主要由外壳、防爆带、高频头、变压器、电路板等部件组成。在拆卸电视机的过程中，应特别注意在荧光屏内侧涂上含有汞的荧光粉，汞是一种对人体有害的重金属组分。拆卸时必须采取保护措施。下面详细介绍电视机的拆卸过程。

（1）拆解固定螺钉并拆下外壳。废旧家电的分解最终需要对原材料进行分类，因此在拆解过程中需要统一收集相同材料的部件。

（2）拆下电路板等杂物。电路板上集成了各种电气元件，如二极管、晶体管、电容器、电阻器等。拆卸电视机时，应将电路板整体拆下，组织并移交给具有拆卸资质的下游企业进行加工。由于许多私人作坊在拆除废旧电路板的过程中使用强酸进行加热和浸泡，大量废气和酸性溶液浸入地下，严重污染生态环境，对操作人员的身体健康造成极大危害。因此，在处理用过的电路板时，有必要严格遵守国家的相关规定。废旧家电回收企业不应将电路板交给缺乏加工资质的企业主。废弃电视机中的变压器和电线含有铜线。它具有很高的回收价值，拆卸时，这些金属铜应单独放置在一起。高频头和变压器的外框部件主要由铝制成，应单独放置。

（3）电视外壳的分解。电视外壳是由塑料制成的。由于大部分塑料都可以作为可回收资源进行回收，就数量而言，用过的电视外壳在整个电视中所占比例最大。在加工和处理方面，对这部分处理没有太高的技术要求。经过研磨机粉碎后，它可以交给有资质的塑料加工企业进行清洗和造粒，最终加工成需要的塑料颗粒，作为可回收塑料产品的原料，用于下一步的生产和制造。

（4）拆解荧光屏，荧光屏主要由金属和玻璃组成。具体拆解过程如下。

1）取下阴极射线管。阴极射线管主要由玻璃组成，因此为了确保生产安全，在操作过程中需要尽量保持锥管向上和稳定。

2）拆下外圈防爆带。防爆带的目的是防止阴极射线管意外破裂，阴极射线管通常由钢制成。首先用剪刀剪断覆盖椎管的尼龙网，然后取下固定屏幕玻璃和锥形玻璃的铁防爆环。

3）拆分阴极射线管。阴极射线管的屏幕玻璃中存在金属铅，而锥形玻璃中不存在添加剂，因此在加工和分类过程中有必要将屏幕玻璃和锥形玻璃分离。该技术利用荧光屏玻璃切割分离装置将阴极射线管分为屏玻璃和锥形玻璃。

首先，将电热丝固定在阴极射线管中两种玻璃的接合处，调整空调管，根据阴极射线管的尺寸适当调整电压值，然后加热。当温度达到100℃以上时，分布在阴极射线管四角的冷风管开始吹冷风。筛网玻璃和锥形玻璃通过热膨胀原理分离，然后统一收集分离的锥形玻璃。

4）荧光粉的真空吸收。阴极射线管屏幕玻璃内部的银灰色是一层荧光粉。荧光粉中所含的重金属汞对人体健康危害极大，处理时应特别注意。使用干洗涂料设备对荧光粉进行无害处理，并将其作为可利用的可再生资源。此操作使用真空吸尘刷清洁荧光粉。使用刷子的刷毛去除荧光粉，同时使用真空从管道内部提取荧光粉。为了保证荧光粉不泄漏，操作台上设置了真空口，真空口的工作原理与家用抽油烟机类似。荧光粉的真空抽吸是整个电视机分解过程中最危险的操作，因此必须做好防护工作。真空刷和真空开口分别被分类为第一级和第二级保护。为了确保操作的安全，还应为该操作建造一个单独的操作室，以将"阴极射线管分离"和"荧光粉吸入"与其他过程隔离，这与前两项保护措施统称为三级保护。吸收的荧光粉通过真空管收集到密封容器中并严格储存。目前，还没有一种无害化的方法来处理大规模生产的荧光粉。因此，有必要严格保护吸收的荧光粉，防止泄漏。

5）无铅玻璃上石墨涂层的去除在阴极射线管的初始生产过程中，无铅锥形玻璃上涂有一层石墨，在分解过程中必须去除石墨。该任务主要利用干式清洁涂层设备，利用振动的工作原理使玻璃相互摩擦，从而磨掉石墨。

首先，打碎无铅锥形玻璃至直径在10cm左右。这种尺寸有助于实现玻璃之间更彻底的摩擦，同时避免由于碎片的小尺寸而造成的不必要的磨损。将锥形玻璃碎片送入干洗涂装设备。进入设备前，应再次确认玻璃碎片的大小。较大的玻璃应进一步破碎，然后送往传送带。干洗清洗涂料设备可以单独利用玻璃碎片之间的机械摩擦来磨掉石墨涂层。这种方法不需要添加任何化学试剂，对环境友好且具有成本效益；但是由于运行过程中噪声和灰尘的严重污染，有必要为设备安装隔离室。经过处理后，原本表面涂有石墨的锥形玻璃就变成了晶莹透明的磨砂玻璃片。

6）过滤掉含铅玻璃。由于无法确保阴极射线管分离断口的绝对整洁，无铅玻璃碎片中仍有少量含铅玻璃碎片。为了确保回收后玻璃的纯度，有必要拣出含铅的玻璃碎片。不含铅的玻璃透明晶莹，而含铅的玻璃颜色较深，易于区分。去除含铅玻璃后破碎的锥形玻璃，清洗后可送往玻璃器皿生产厂家进行生产材料。

17.1.2 电冰箱和空调的分解

在拆卸之前，需要先熟悉一下冰箱和空调的主要结构。冰箱主要由箱体、制冷系统及附件组成；空调分为室内机和室外机。室内机结构相对简单，主要由塑料外壳、电子线路板、滤网和冷凝管组成。冷凝器管道由金属铜或铝制成，具有较高的回收价值，而室外机由外壳、冰箱和金属外壳组成。由于拆卸冰箱和空调的方法相似，下面将两者结合起来进行介绍。

（1）回收氟利昂。老式冰箱和空调冰箱的工作原理是利用氟利昂的循环吸收冰箱内部的热量，达到制冷降温的目的。制冷压缩机含有氟利昂和润滑油。科学研究表明，氟利昂的扩散会破坏大气中的臭氧层，产生温室气体效应，并导致全球变暖；如果润滑油处理不当，很可能会对当地水源造成污染。因此，在老式冰箱和空调冰箱的分解处理技术中，最关键的是回收氟利昂。

首先，根据不同家电产品的结构，拆下固定螺钉，取下外壳。然后使用制冷剂回收机回收压缩机中的氟利昂。制冷剂回收机的前钳口配有专用的吸头，吸头形状类似于医用针，是一根锋利坚硬的细管。钳子夹在压缩机附近的铜管上。由于铜和细铜管的硬度低，吸头很容易刺穿铜管。通过回收管道，氟利昂进入回收机。由于氟利昂在室温下处于气态的物理性质，它在冷却时会发生冷凝并变成液体。因此，如果氟利昂是以气态回收的，它占据了很大的体积，并且不方便储存。制冷剂回收机利用水循环的原理来降低放置在里面的氟利昂储罐的温度，并将低温保持在零上五度以下。只有这样，氟利昂才能以液态回收。

（2）拆卸壳体和其他部件。空调主要可分解为塑料、金属铜、铝和电气元件，所有这些都具有很高的再利用价值。冰箱的盒子主要由内衬、金属外皮和绝缘层组成，可以通过对基本部件进行分类来分解。

（3）冰箱保温层处理。冰箱的保温层属于发泡剂材料，体积大，市场价值低。因此，一些没有处理资质的小作坊经常将其扔在路边和河边，造成环境污染。正确的处理方法是将其打碎，交给有实力的加工企业，混合压制，然后重新制作聚氨酯隔热板，或者用作其他填充物。

17.1.3 洗衣机的分解

洗衣机的结构相对简单，主要由铁或塑料外壳、发动机和内衬组成。分解过程并不复杂，因为内部塑料材料纯度高，所以仍具有较高的回收价值。

（1）壳体的拆卸。拆除固定螺钉，并根据外壳的材料对其进行分类。

（2）拆下电机，电机是整个洗衣机的核心部件。根据使用程度的不同，它可以被修复和重复使用，也可以进一步分解为铁和铜等金属材料。

（3）洗衣机塑料分类。根据塑料的纯度，洗衣机分解的二次塑料可分为两类。由于洗衣机是耐磨家电，为了最大限度地延长其使用寿命，洗衣机的内衬通常由高纯度塑料材料制成，回收造粒后的市场价值也高于其他回收塑料。因此，它们需要单独分类，其他塑料应统一收集到一个类别中。

17.1.4 分解后材料的分类存储与加工

家用电器分解所用材料的基本分类可分为玻璃、电路板、铜、铝、偏置线圈、铁等。为了有效提高可回收资源的利用价值，一些类别的原材料（如洗衣机塑料）需要根据其纯度进行细分。每种分割后的材料都将作为废旧家电分解企业的产品运往下游企业进行进一步加工生产。在正式输出之前，家电分解企业需要固定存储空间，明确存储范围，避免混淆，并对有毒物质的放置有专门的提醒和标志。废旧家电的破碎材料经过分解分类后，被送往下游企业加工成各种原料颗粒，用于建材、家电生产、手工业加工、冶炼、铸造等各个行业，从而再次恢复市场价值。除了电视机、洗衣机、冰箱和空调，还有许多可用的家用电器和电子产品，如电脑、手机、打印机等其他电器和电子制品都可作为回收利用的资源。

总之，我国废旧家电回收利用产业还处于起步阶段。然而，由于国际能源价格的逐步上涨，可再生资源行业的市场前景也越来越广阔。2009年5月，国家相继出台家电下乡、以旧换新优惠政策，鼓励新家电消费，回收旧家电。未来几年，我国将进入家电升级的高峰期。如何有效回收和处置大量废旧家电，逐步建立和完善我国废旧电器电子产品回收利用体系，将对保护我国环境、促进经济健康发展起到巨大的推动作用。

17.2 锂离子电池循环利用技术

自商业化以来，锂离子电池因其比能高、体积小、质量小、温度范围宽、循环寿命长、安全性能好等独特优势，已广泛应用于民用和军用领域，如相机、手机、笔记本电脑和便携式测量仪器[174]。同时，锂离子电池也是未来电动汽车首选的轻量化高能动力电池之一[175]。经过多次充放电循环后，锂离子电池的结构会发生变化，导致其失效和报废。大量锂离子电池的生产和使用将不可避免地导致废旧锂离子电池爆炸性的产生。动力锂离子电池的使用寿命为3~5年。2020年，我国动力锂离子电池报废量超过30GW·h，约50万吨。到2023年，报废量将超过100GW·h，约120万吨[176]。

经过500~1000次充放电循环后，锂离子电池中的活性物质将失去活性，导致电池容量下降并报废。锂离子电池的广泛使用将不可避免地导致大量的废旧电池。如果随意丢弃，不仅会造成严重的环境污染，还会大量浪费资源[177]。锂离子电池含有大量的金属资源，如钴（Co）、铜（Cu）、锂（Li）、铝（Al）和铁（Fe）。其中，钴、铜和锂的含量（质量分数）分别高达 20%、7% 和 3%。如果废旧锂离子电池中具有经济价值的金属能够回收利用，对环境保护和资源回收具有重要意义[178]。

锂离子电池通常由电池盖、电池壳、正极和负极、电解质、隔膜和其他部件组成。目前，可用于锂离子电池的正极材料包括 $LiCoO_2$、$LiNiO_2$、$LiMn_2O_4$、$LiFePO_4$ 和三元材料等，而负极材料包括石墨材料、锡基材料、硅基材料和钛酸锂材料。电解质溶液中的导电盐通常是锂盐（如 $LiPF_6$、$LiBF_4$、$LiCF_3SO_3$），并且常用的溶剂包括碳酸丙烯酯（PC）、碳酸二甲酯（DMC）、碳酸乙烯酯（EC）和甲乙基碳酸酯（EMC）。锂钴氧化物作为第一代商业化的锂电池正极材料，是目前最成熟的正极材料，在短期内具有不可替代的优势，尤其是在通信电池领域。目前，废旧锂离子电池的回收研究主要集中在电池中正极活性物质的回收方法上。一般来说，根据使用的主要关键技术，废旧锂离子电池的资源化利用过程可分为物理法、化学法和生物法。

17.2.1　物理法

物理方法包括机械破碎浮选法、火法、机械研磨法和有机溶剂溶解法。物理方法通常需要随后的化学处理以进一步获得所需的目标产物。

（1）机械破碎浮选法。该方法首先对锂离子电池进行破碎筛选，初步得到电极材料粉末，然后对电极材料粉末进行热处理，去除有机黏结剂，最后通过浮选分离回收钴酸锂颗粒[179]。这种方法对锂和钴的回收率很高，但经过机械破碎后，需要使用马弗炉热处理和浮选等方法进行进一步分离，导致该方法过程长，成本高。

（2）火法。火法通过高温燃烧和分解去除有机黏合剂，同时氧化、还原和分解电池中的金属及其化合物。它们以蒸汽的形式蒸发后，通过冷凝和其他方法收集。火法冶金工艺简单，但消耗大量能量，如果温度过高，铝箔会被氧化成氧化铝。电极中的电解质溶液和其他成分通过燃烧转化为 CO_2 或其他有害成分，如 P_2O_5。通过燃烧去除有机物的方法容易造成大气污染，导致合金纯度低。随后的湿法冶金工艺仍然需要一系列的提纯和杂质去除步骤。

（3）机械研磨法。机械研磨法利用机械研磨使电极材料和研磨材料反应，从而将锂钴氧化物转化为其他盐。该方法不仅有效回收废旧锂离子电池中的锂钴，而且利用常见的废旧塑料材料达到变废为宝的目的，是一种值得推广的方法。

17.2.2　化学法

化学法是用氢氧化钠、硫酸、过氧化氢等化学试剂浸出电池正极中的金属离子，然后通过沉淀、萃取、盐析等方法分离提纯钴、锂等金属元素。目前常用的浸出系统是硫酸-过氧化氢的混合系统。近年来，电化学和水热方法也因其各自的特点而受到越来越多的关注。

（1）电化学法。电沉积回收方法包括将用过的锂离子电池正极材料溶解在酸中，选择性地去除铁和铝等杂质，然后使用一定的电流在阴极中沉淀钴、铜、锰和其他金属。电化学方法的应用可以在不引入新杂质、污染最小的情况下回收和富集有价值的金属，但也需要大量的电能消耗，对浸出液有一定的要求。

（2）水热法。水热法是指正极 $LiCoO_2$、铝箔和隔膜在 200℃ 的高浓度 LiOH 溶液中反应，获得再生的 $LiCoO_2$。该反应过程基于"溶解-沉淀"机制。通过控制条件，废电池的正极上的 $LiCoO_2$ 被溶解，同时新形成的 $LiCoO_2$ 被沉淀。因此，在拆卸电池后，正极材料可以直接用作反应物，而无须剥离集流体。

（3）沉淀法。沉淀法一般用于从酸溶体系中提取的含有钴和锂离子的溶液中提纯除去杂质，最终将钴以草酸钴、锂以碳酸锂沉淀下来，过滤干燥，得到产品。

（4）萃取法。该萃取方法使用萃取剂来分离和回收钴和锂。采用沉淀和萃取的方法可以达到较高的回收率，所得产品纯度也很好。然而，这些方法的过程很长，化学试剂和提取试剂的广泛使用可能会对环境产生负面影响。因此，使用超声波等辅助方法来降低反应条件或开发更有效的提取剂是该方法未来的研究热点。

（5）盐析法。盐析法是通过在溶液中加入其他盐使溶液过饱和并沉淀一些溶质成分来回收有价值的金属。

17.2.3　生物处理法

微生物浸出是利用微生物将系统的有用组分转化为可溶性化合物并选择性溶解，得到含金属溶液，实现目标组分和杂质组分的分离，最终回收有用金属[180]。生物处理方法也有局限性。微生物对浸出环境的适应性较弱，导致生产周期较长，对温度要求严格。这些方面都影响了生物处理方法的推广[181]。生物浸出法利用生物细菌实现锂离子电池的有效回收，是目前废旧电池回收利用的一项新技术。其回收效果高，成本低，因此深受关注[182]。然而，与生物细菌的培养相比，生物浸出法需要太长的时间来适应废旧锂离子电池回收利用的现状。但从长远来看，生物浸出法将取代湿法冶金法，成为废旧锂离子电池回收利用的主流技术方法。

各种电子产品的循环利用不仅具有重要的经济价值，也对环保具有重要意义。各种电子产品的回收中，电池的回收具有特殊的意义。

17.3　小结及展望

处理废旧锂离子电池的工业工艺的共同问题是经济效益低，无法完全实现无害化处理。在我国，只有不到1%的废电池被回收，锂电池只占一小部分。因此，有必要找到一种经济、快速、环保的方法来处理废电池，尤其是锂电池。传统的湿法和干法相对成熟，但工艺流程长，对设备要求高，成本高。浸出液的净化需要大量的电力，使用有机试剂也会对环境和人类健康产生不利影响。所研究的生物法具有酸耗低、成本低、重金属浸出率高、常温常压操作等优点。它具有良好的应用前景，是一种非常有前途的方法。然而，利用生物浸出从锂电池中回收金属是一个相对较新的课题，仍有许多问题需要解决，如菌株的选择和培养、浸出条件的控制等。对于生物方法，应重点提高镍、钴和锂的浸出率，研究金属生物浸出机理，建立动力学模型，完善理论，探索金属生物浸出的控制步骤，确定影响微生物浸出的各种条件及相应的作用规律。

参 考 文 献

[1] 周宏春. 中国再生资源产业发展现状与存在问题 [J]. 中国科技投资, 2010 (4): 3.

[2] 姜坤. 中国再生资源产业的税收政策研究 [D]. 济南: 山东财经大学, 2014.

[3] 陈婉波. 浅析二次原料及高杂物料在冶炼分公司的处理 [J]. 红河学院学报, 2012, 10 (2): 3.

[4] 赵敬民, 张倬宾. 关于可循环材料的前景研究 [J]. 西部皮革, 2017, 39 (20): 1.

[5] 王爱兰. 我国再生资源产业发展中的问题及对策探讨 [J]. 上海环境科学, 2007 (6): 252-255.

[6] 蔡海珍, 潘永刚, 唐艳菊. 2022 年中国再生资源回收利用行业回顾及未来展望 [J]. 资源再生, 2023 (1): 5.

[7] 黄少鹏. 依法发展再生资源产业——对《再生资源回收管理办法》的解读与思考 [J]. 再生资源与循环经济, 2007 (4): 1-4.

[8] 杨子. 再生金属产业迎来发展新契机 [J]. 资源再生, 2020 (10): 1.

[9] 龚本富. SN 公司废钢铁循环再生项目投资机会研究 [D]. 大连: 大连理工大学, 2014.

[10] 左铁镛. 有色金属材料可持续发展与循环经济 [C]. 中国有色金属学会学术年会, 2008.

[11] 邓旭. 奋力推动再生金属产业高质量发展——第二十二届再生金属国际论坛及展览交易会召开 [J]. 资源再生, 2022 (10): 2.

[12] 郑诗礼, 叶树峰, 王倩, 等. 有色金属工业低碳技术分析与思考 [J]. 过程工程学报, 2022, 22 (10): 16.

[13] 刘长宝. 基于高炉的金属材料冶炼废渣回收技术研究 [J]. 世界有色金属, 2019, 12 (上): 14-16.

[14] 胡曼, 柳立志. 汽车金属材料的回收再利用研究 [C]. 中国汽车工程学会汽车材料分会第 21 届学术年会, 中国汽车工程学会, 2018.

[15] 冯鹤林. 浅谈中国废钢铁产业现状和发展前景 [J]. 中国钢铁业, 2022 (7): 5.

[16] 闫启平. 钢铁循环——废钢铁产业发展的核心哲学理念 [J]. 资源再生, 2022 (2): 40-41.

[17] 李德水. 积极推进中国废钢铁产业的大发展 [J]. 中国废钢铁, 2019 (1): 3.

[18] 刘瑞杰. 废钢加工处理技术及工艺设计研究 [J]. 中国金属通报, 2021 (19): 238-240.

[19] 邢娜, 秦勉, 曲余玲, 等. 中国废钢产业发展现状及发展趋势分析 [J]. 冶金经济与管理, 2022 (2): 3.

[20] 王晶. 我国废钢资源利用现状及促进废钢行业发展的政治建议 [J]. 冶金管理, 2021 (8): 14-16.

[21] 缪骏. 中国废钢市场现状分析及发展展望 [J]. 冶金信息导刊, 2018, 55 (5): 6.

[22] 废钢铁产业"十四五"发展规划 [J]. 中国废钢铁, 2021, (2): 1-8.

[23] 工业和信息化部. 符合废钢铁加工行业准入条件企业名单公示 [J]. 再生资源与循环经济, 2018, 11 (8): 2.

[24] 郭达清. 十年准入引领废钢铁产业助力中国式现代化 [J]. 中国废钢铁, 2022 (6): 2.

[25] 姚奕, 郑潇, 张文聪, 等. 重工钢材智能切割管控系统软件设计 [J]. 电子技术与软件

工程，2021（8）：83-84.

[26] 袁蔚景，涂杰松，李银华，等．回收工艺对再生铝合金性能影响述评［J］.有色金属科学与工程，2021，12（5）：18-29.

[27] 薛亚洲，张涛，郭艳红．中国再生铝产业发展的思考［J］.中国矿业，2010（9）：4.

[28] 丁宁，高峰，王志宏，等．原铝与再生铝生产的能耗和温室气体排放对比［J］.中国有色金属学报，2012，22（10）：2908-2915.

[29] 彭保太，彭炳锋，吴杨琴，等．中国再生铝熔炼炉的改进方向［J］.资源再生，2020（5）：4.

[30] 孙德勤，江宽，崔凯，等．再生铝制备汽车零部件技术的应用与发展［J］.铸造技术，2018，39（6）：5.

[31] 国家发展改革委关于印发"十四五"循环经济发展规划的通知（发改环资〔2021〕969号）［J］.再生资源与循环经济，2021，14（7）：5.

[32] 敖晓辉．废杂铝熔炼再生过程工艺能效与质量预报研究［D］.北京：北京交通大学，2018.

[33] 胡妙关．废铝再生技术分析与对策［J］.中国金属通报，2021（13）：2.

[34] 蔡艳秀，成肇安，张希忠．废杂铝预处理技术［J］.有色金属再生与利用，2006，24（6）：37-39.

[35] 李士龙．中国再生铝产业发展的机遇和主要挑战［C］.第十届中国长三角铝业高峰论坛暨2018上海铝协年会，上海铝业行业协会，2018.

[36] 斯沃波达．磁选法的最新进展［J］.国外金属矿选矿，2003，40（12）：6.

[37] 中铝青岛轻金属再生铝合金生产线恢复运行［J］.铝镁通讯，2019（3）：31.

[38] 汪勇，余申卫，王成辉，等．Sr变质对亚共晶铝硅合金中共晶硅形貌的影响［J］.热加工工艺，2020，49（3）：71-76.

[39] 吕孟杰．亚共晶铝硅合金锑变质效果的热分析技术研究［D］.武汉：华中科技大学，2019.

[40] 黄笑梅，徐通，周宏伟，等．多元合金化亚共晶铝硅合金组织及强度的研究［J］.热加工工艺，2022（17）：51.

[41] 王成，余刚．碳酸钠在氯化钠溶液中对铝合金的缓蚀作用研究［J］.材料保护，2000，33（8）：2.

[42] 徐通，黄笑梅，程和法，等．多元合金化高强度共晶Al-Si合金活塞的研究［J］.合肥工业大学学报：自然科学版，2020，43（9）：5.

[43] 王锋，迟长志，台立民，等．锑变质对铝合金组织及性能的影响［J］.热加工工艺，2015，44（23）：3.

[44] 刘闪光，虞秀勇，毛郭灵，等．钇在亚共晶铝硅合金中的作用研究进展［J］.材料导报，2022，36（15）：7.

[45] 张苏，杨钢，吴云峰，等．稀土La变质处理对A356铝合金显微组织的影响［J］.热加工工艺，2013，42（17）：4.

[46] 张俊红，任智森，赵群，等．变质工艺影响过共晶Al-Si合金初晶硅细化的研究［J］.轻金属，2006（10）：4.

[47] 何卫,王利民,李辛庚,等. 原位 Al_2O_3 变质与热处理对铸造过共晶铝硅合金组织和性能的影响 [J]. 青岛科技大学学报(自然科学版),2022,43(5):6.

[48] 李宏宝,涂浩,彭浩平,等. Al-3B 变质共晶铝硅合金的显微组织与力学性能 [J]. 中国有色金属学报,2019,29(8):7.

[49] 刘学,田源,李美玲,等. 过共晶铝硅合金的研究进展 [J]. 有色金属加工,2021,50(3):3.

[50] 张凯. 铸造过共晶铝硅合金组织特性及变质处理探讨 [J]. 四川职业技术学院学报,2020,30(6):4.

[51] 王海北,章小兵,谢铿,等. 废电路板与废杂铜协同处置利用技术与发展方向 [J]. 矿冶,2022(3):5-9.

[52] 黄敏,邵龙彬. 再生铜资源的利用状况与发展趋势 [J]. 有色冶金设计与研究,2021,42(1):7-9,16.

[53] 柴春孟,高迪. 废杂铜冶炼工艺及发展分析 [J]. 中国科技期刊数据库工业 A,2022(5):4.

[54] 吕高平,俞鹰. 废杂铜再生综合利用工艺技术述评及展望 [J]. 中国有色冶金,2018,47(3):53-58.

[55] 刘文闯. 再生铜的回收及回收技术 [J]. 资源节约与环保,2017(11):2.

[56] 谭芳香,黄以伟. 废杂铜电解杂质控制的研究及生产实践 [J]. 云南化工,2020,47(4):2.

[57] 再协. 再生铜面临的六大问题 [J]. 中国资源综合利用,2018,36(8):27.

[58] 吴越. 二次铜初探—有多少二次铜可以"重来" [J]. 资源再生,2019(9):3.

[59] 张代荣,叶少军. 中国再生铜冶炼行业现状、技术发展趋势及污染预防对策 [J]. 冶金管理,2019(1):1.

[60] 姜小毛,余伟. 再生铜铝原料国家标准实施 [J]. 再生资源与循环经济,2020,13(8):1.

[61] 拜冰阳,李艳萍,张昕,等. 再生铜行业环境管理问题的若干思考和建议 [J]. 中国环境管理,2019,11(1):101-105.

[62] 李历铨,郑洋,李彬,等. 中国再生铜产业污染排放识别与绿色升级对策 [J]. 有色金属工程,2018,8(1):6.

[63] 程相恩,来佳仪,姚永生,等. 实验室废旧贵金属材料中铂的回收利用 [J]. 冶金分析,2020,40(9):75-81.

[64] 米永红,慎义勇,刘辉,等. 废定影液的综合利用 [J]. 中国资源综合利用,2005(3):16-19.

[65] 黄庆,郁丰善,顾卫华,等. 废炭基钯催化剂中钯的绿色回收工艺研究 [J]. 中国资源综合利用,2021,39(11):1-5,16.

[66] 刘东升,朱桂田. 中国贵金属矿产资源现状、成矿环境及开发前景 [C]. 中国有色金属学会学术会议,1997.

[67] 胡志鹏. 中国贵金属废料回收产业发展综述 [J]. 矿业快报,2004,25(2):83-86.

[68] 周全法. 贵金属回收利用产业政策与技术分析 [J]. 中国贵金属,2010(11):7.

［69］薛小梅，刘利．废催化剂中贵重金属回收的研究进展［J］.辽宁化工，2009，38
（11）：3.

［70］熊道陵，林俊．废定影液中银的回收与提纯［J］.黄金，2007，28（5）：46-49.

［71］王琪．贵金属深加工实用分析技术［M］.北京：化学工业出版社，2011.

［72］田保，潘小波．自研牙科低金含量银钯合金与两种商品钯银合金的显微硬度比较［J］.
四川医学，2011，32（8）：3.

［73］吕遂生．必须切实加强黄金生产的管理［J］.金融与经济，1987（8）：1.

［74］欧家德．金银收购中存在的问题和对策［J］.广西金融研究，1995（9）：2.

［75］张磊，郭学益，田庆华，等．溶液中金回收的研究进展［J］.黄金，2020（11）：41.

［76］朱亚良，孟凡涛，魏春城，等．从黄金氰化渣中回收有价金属的技术进展［J］.现代化
工，2021，41（7）：5.

［77］刘彬，杨丙雨，冯玉怀，等.ICP-MS法在测定痕量贵金属中的应用［J］.贵金属，2009，
30（4）：63-72.

［78］袁倬斌，吕元琦，尹明，等．电感耦合等离子体质谱在铂族元素分析中的应用［J］.冶
金分析，2003，23（2）：24-30.

［79］Harjanto S, Cao Y, Shibayama A, et al. Leaching of Pt, Pd and Rh from automotive catalyst
residue in various chloride based solutions［J］. Materials Transations, 2006, 47（1）:
129-135.

［80］闫妍．含硫氮功能化离子液体在铂族金属萃取分离中的应用［D］.济南：山东大
学，2018.

［81］杜荣景．硝基苯催化加氢反应中铂族贵金属催化剂回收研究［D］.杭州：浙江工业大
学，2018.

［82］游立，常意川，李璐，等．废Al_2O_3催化剂中铂族金属回收工艺研究现状［J］.船电技
术，2019，39（6）：4.

［83］丁云集，张深根．废催化剂中铂族金属回收现状与研究进展［J］.工程科学学报，2020，
42（3）：13.

［84］胡彪，胡礼丹．中国车用催化剂中铂族金属的回收潜力研究［J］.安全与环境学报，
2022，22（5）：10.

［85］Steve M, Curt J. Recovering Precious Metal Catalysts Using Supercritical Water Oxidation［M］.
Registe rfor Engineer Live, 2006.

［86］陈秋丽，陈桂霞．电解回收废定影液中银的研究［J］.广东化工，2009，36（4）：
113-114.

［87］马弘，侯凯湖．贵金属回收中的离子交换树脂技术［J］.中国资源综合利用，2006，24
（9）：7-10.

［88］展树中．"从含银废水中回收金属银"实验的改进与实践［J］.广东化工，2018，45
（17）：2.

［89］彭忠平，沈强华，何乾，等．湿法炼锌渣中银的回收［J］.有色金属科学与工程，2020，
11（5）：9.

［90］高首坤，陈正，卢超，等．火法工艺对废催化剂中铂钯回收的试验研究［J］.甘肃冶金，

2020, 42 (3)：4.

[91] 肖忠良, 曾超, 刘佩, 等. 稀有金属材料钯湿法回收的研究进展 [J]. 功能材料, 2020, 51 (11)：11008-11016.

[92] 房孟钊. 回收酸浸还原渣中铂与钯的回收工艺改进 [J]. 硫磷设计与粉体工程, 2022, 168 (3)：37-41.

[93] 薛成玉, 王庆文. 贵金属精炼厂废水中金属离子的离子色谱检测研究 [J]. 中国金属通报, 2020 (3)：2.

[94] 高若峰, 王迎雪, 彭少贤, 等. 废旧橡胶回收利用再生剂研究进展 [J]. 弹性体, 2015, 25 (4)：74-77.

[95] 方懿, 刘金鑫. 常见废旧橡胶回收利用的途径和创新 [J]. 2021 (15)：149, 168.

[96] 李鸣涛, 许志慧, 李亚非, 等. 基于废旧橡胶裂解技术的公路沥青路面再生剂研发与应用研究 [J]. 公路交通科技：应用技术版, 2016 (10)：2.

[97] 莫婷. 浅谈马赛克镶嵌艺术的形、色、光在壁画创作中的奇妙效果 [J]. 艺术家, 2018 (3)：1.

[98] 王承遇, 陶瑛, 张国武. 中国建筑装饰玻璃的现状及其发展趋势 [J]. 硅酸盐通报, 2000, 19 (2)：3-6.

[99] 扬医博, 文梓芸. 二次玻璃在混凝土中的应用 [J]. 工业建筑, 2002, 32 (7)：78-80.

[100] 于彬. 美国布鲁克海文国家实验室大观 [J]. 辽宁科技参考, 2005 (6)：1.

[101] 岳爱军, 韩涛, 谭波, 等. 陶瓷废料在水泥混凝土路面中的再生应用研究 [J]. 中外公路, 2020, 40 (4)：6.

[102] 曾令可, 金雪莉, 刘艳春. 陶瓷废料回收利用技术 [M]. 北京：化学工业出版社, 2010.

[103] 谭波, 杨涛, 韩涛. 陶瓷废料在水泥混凝土路面中的应用可行性分析 [J]. 科学技术与工程, 2021, 21 (8)：3339-3345.

[104] 李叶. 回收陶瓷再生材料用设计推进绿色低碳循环发展 [J]. 设计, 2022, 35 (18)：7-11.

[105] 栾向峰, 曹远尼, 肖理红, 等. 陶瓷废料在建筑材料中的应用进展 [J]. 材料导报, 2015, 29 (13)：6.

[106] 庄文杰. 陶瓷废料在建筑材料中的应用进展 [J]. 引文版：工程技术, 2016 (3)：285.

[107] 张国涛. 陶瓷废料制备轻质混凝土及其性能探讨 [J]. 佛山陶瓷, 2021, 31 (5)：4.

[108] 余春林. 关于陶瓷废料再利用的技术及方法研究 [J]. 收藏与投资, 2017 (12)：1.

[109] 梁瑞林, 常乐, 高超, 等. 压电陶瓷废料在阻尼减振材料中的应用 [J]. 再生资源与循环经济, 2004 (2)：37-38.

[110] 肖程远, 谭莲影, 王雪飞. 减振器用高阻尼沥青材料的开发与应用 [J]. 特种橡胶制品, 2022 (2)：21-25.

[111] 梁瑞林, 高超, 常乐, 等. 不同生产阶段产生的压电陶瓷废品对氯化丁基橡胶阻尼减振性能的影响 [J]. 再生资源与循环经济, 2005 (2)：33-35.

[112] 黄义隆, 林道谭, 陈欢, 等. 多层陶瓷电容器开裂失效机理研究及改进建议 [J]. 电子器件, 2022, 45 (5)：1071-1076.

[113] 刘志国. 工业废料生产建筑卫生陶瓷的技术开发 [J]. 中国建筑卫生陶瓷, 2006 (2): 94-96.

[114] 赵江伟, 吴清仁, 梁柏清, 等. 卫生陶瓷的生产工艺及污染物与废料的解决措施 [J]. 佛山陶瓷, 2003 (4): 6.

[115] 樊立永. 卫生陶瓷厂废泥的回收再利用 [J]. 陶瓷, 2010 (12): 29-31.

[116] 李嘉卉. 绿色包装与废纸的回收利用 [J]. 科技创新导报, 2022, 19 (13): 3.

[117] 石博文. 地方高校二手纸资源回收再利用情况调研报告 [J]. 文化产业, 2020 (4): 2.

[118] 郭彩云, 梁川. 全球废纸资源的回收与利用 [J]. 造纸信息, 2018, 382 (11): 2, 10-16.

[119] 张晶蓉, 张彦雨, 吴雅婷, 等. 高校快递纸箱回收再利用网络节点选址研究——以郑州大学为例 [J]. 物流技术, 2020, 39 (3): 6.

[120] 潘永刚, 唐艳菊. 中国废纸回收利用行业发展路径及政策探讨 [J]. 再生资源与循环经济, 2013, 6 (11): 3.

[121] 张雷, 王麒音, 侯玉侠, 等. 环保便捷的纸家具设计 [J]. 建材与装饰, 2020.

[122] 马志娟. 废纸再生纤维与生物技术在纤维回收当中的利用研究 [J]. 北方环境, 2020, 32 (5): 72-74.

[123] 马成林. 浅谈我国建筑装饰装修材料的现状及发展趋势 [J]. 城市建设理论研究 (电子版), 2015 (9): 3830-3831.

[124] 刘强, 韩陈晓, 黄际太, 等. 废纸造纸企业推动"双碳"管理的实践应用分析 [J]. 中华纸业, 2023, 44 (5): 51-53.

[125] 陈轲, 薛平, 孙华, 等. 树脂基复合材料拉挤成型研究进展 [J]. 中国塑料, 2019, 33 (1): 116-123.

[126] 李胜方, 胡铭宇, 李琛, 等. 石墨烯/热固性树脂复合材料的研究进展 [J]. 湖北理工学院学报, 2016, 32 (5): 40-45.

[127] 冯喜平, 张盛源, 梁群, 等. 热塑性树脂基复合材料激光原位固化研究进展 [J]. 中国塑料, 2021, 35 (6): 14.

[128] 张力, 张以河, 王雷, 等. 热固性树脂复合材料的资源化再利用进展 [J]. 玻璃钢/复合材料, 2018 (8): 106-113.

[129] 雷蕊英, 齐锴亮. 热固性树脂基复合材料的化学回收方法及再利用现状 [J]. 工程塑料应用, 2018, 46 (11): 134-137.

[130] 肖光明, 赵安安, 郭俊刚, 等. 热固性树脂基复合材料固化变形控制及其应用 [J]. 材料科学与工程学报, 2018, 36 (6): 883-887.

[131] 王海楼, 曹淼, 孙宝忠, 等. 三维编织碳纤维/环氧树脂复合材料横向压缩性质的温度效应 [J]. 复合材料学报, 2018, 35 (9): 9.

[132] 姚佳伟, 冯瑞瑄, 牛一凡, 等. 纳米碳材料/热塑性树脂层间增韧热固性树脂基复合材料研究进展 [J]. 复合材料学报, 2022, 39 (2): 16.

[133] 余剑英, 周祖福. 连续纤维增强热塑性复合材料的制备成型技术及其应用前景 [J]. 武汉工业大学学报, 1998 (4): 22-31.

[134] 刘克健. 树脂基复合材料 RTM 成型工艺与特点分析 [J]. 建材发展导向, 2020, 18

（7）：1.

［135］王跃飞. 碳纤维增强复合材料 HP-RTM 成型工艺及孔隙控制研究 ［D］. 长沙：湖南大学，2018.

［136］咸梦蝶，闫宝瑞，信春玲，等. 热塑性复合材料自动铺放成型工艺 ［J］. 塑料，2017，46（5）：66-80.

［137］施前，齐航，王铁军. 热固性树脂基复合材料的变革性制造方法研究进展 ［J］. 中国科学：技术科学，2019，49（10）：1121-1132.

［138］徐平来，李娟，李晓倩. 热固性树脂基复合材料的回收方法研究进展 ［J］. 工程塑料应用，2013（1）：103-107.

［139］蒋彩，车辙，刑飞，等. 碳纳米管改性连续纤维增强树脂基复合材料层间性能的研究进展 ［J］. 复合材料学报，2022，39（3）：863-883.

［140］李晨. 碳纤维增强热塑性树脂复合材料的应用推广探讨 ［J］. 现代工业经济和信息化，2022，12（9）：91-92.

［141］李戈辉. 碳纤维复合材料铺层优化研究及在磁悬浮车体中的应用 ［D］. 成都：西南交通大学，2021.

［142］周传雷，艾辉，闫永君. 碳纤维产业现状及发展前景 ［J］. 化学工程师，2010（8）：42-43.

［143］Larsen K. Recycling Wind Turbine Blades ［J］. Renewable Energy Focus，2009，9（7）：70-73.

［144］徐佳，孙超明. 树脂基复合材料废弃物的回收利用技术 ［J］. 玻璃钢/复合材料，2009（4）：100-103.

［145］阮芳涛，施建，徐珍珍，等. 碳纤维增强树脂基复合材料的回收及其再利用研究进展 ［J］. 纺织学报，2019，40（6）：153-158.

［146］Pimenta S，Pinho S T. Recycling carbon fibre reinforced polymers for structural applications：Technology review and market outlook ［J］. Waste Management，2011，31（2）：378-392.

［147］罗益锋. 碳纤维复合材料废弃物的回收与再利用技术发展 ［J］. 纺织导报，2013（12）：36-39.

［148］胡侨乐，端玉芳，刘志，等. 碳纤维增强聚合物基复合材料回收再利用现状 ［J］. 复合材料学报，2022，39（1）：64-76.

［149］马全胜，王宝铭. 碳纤维复合材料回收及利用现状 ［J］. 纤维复合材料，2016，33（4）：28-30.

［150］Jiang G，Wong K H，Pickering S J，et al. Alignment of recycled carbon fibre and its application as a reinforcement ［C］//38th SAMPE Fall Technical Conference：Global Advances in Materials and Process Engineering. Dallas，2006.

［151］Jiang G，Pickering S J，walker G S，et al. Surface characterisation of carbon fibre recycled using fluidised bed ［J］. Applied Surface Science，2008，254（9）：2588-2593.

［152］Yip H L H，Pickering S J，Rudd C D. Characterisation of carbon fibres recycled from scrap composites using fluidised bed process ［J］. Plastics Rubber and Composites，2002，31（6）：278-282.

［153］芦长椿. 纳米碳纤维技术的新进展［J］. 高科技纤维与应用, 2013, 38（4）: 46-51.

［154］Okajima I, Hiramatsu M, Sako T. Recycling of Carbon Fiber Reinforced Plastics Using Subcritical Water［C］//9th International Conference on Global Research and Education. Riga: Trans Tech Publications, 2011: 243-246.

［155］Jiang G, Pickering S J, Lester E, et al. Decomposition of epoxy resin in supercritical isopropanol［J］. Iustrial & Engineering Chemistry Research, 2010, 49（10）: 4535-4541.

［156］Pifiero Hernanz R, Dodds C, Hyde J, et al. Chemical recycling of carbon fibre reinforced composites in nearcritical and supercritical water［J］. Composites Part A: Applied Science and Manufacturing, 2008, 39（3）: 454-461.

［157］刘洁, 刘丽芳, 俞建勇. 碳纤维复合材料废弃物的回收利用形势［J］. 产业用纺织品, 2011（6）: 26-28.

［158］Yuyan L, Guohua S, Linghui M. Recycling of carbon fibre reinforced composites using water in subcritical conditions［J］. Materials Science and Engineering: A, 2009, 520（1/2）: 179-183.

［159］Yongping B, Zhi W, Liqun F. Chemical recycling of carbon fibers reinforced epoxy resin composites in oxygen in supercritical water［J］. Materials & Design, 2010, 31（2）: 999-1002.

［160］任彦. 碳纤维复合材料的回收与利用［J］. 新材料产业, 2014（8）: 4.

［161］肖桐, 刘庆祎, 张家豪, 等. 热固性树脂基复合相变材料的制备及其储能强化研究进展［J］. 复合材料学报, 2023, 40（3）: 1311-1327.

［162］张汉儒. 废旧建筑材料资源化再利用问题探析［J］. 低碳世界, 2016（12）: 179-180.

［163］姜英. 水泥稳定再生骨料无机混合料在道路基层中的应用［J］. 国际援助, 2020,（2）: 77-78.

［164］孙振平, 谭国强 王新友. 再生混凝土技术［M］. 北京: 中国水利水电出版社, 2013.

［165］王子明, 黄显智, 裴学东. 混凝土材料完全循环利用的探讨［C］. 房建材料与绿色建筑, 2009.

［166］刘勇. 建筑垃圾再生资源设备研制及综合应用研究［J］. 房地产世界, 2020（21）: 18-20.

［167］何莹莹. 建筑垃圾的再生利用之路［J］. 科技创新与应用, 2020（33）: 55-56.

［168］盛宇, 张荣芳, 唐文玲, 等. 建筑垃圾再生利用存在的问题与对策分析［J］. 大众标准化, 2020（10）: 138-139.

［169］李鸿运. 建筑垃圾在公路工程中的资源化综合利用研究［D］. 天津: 河北工业大学, 2017.

［170］赵维妍, 张爽, 常瑞峰. 建筑垃圾资源化利用发展历程［J］. 环境与发展, 2020, 32（7）: 205-207.

［171］张小燕, 陈春鸣. 建筑废弃物再利用综述［J］. 科技风, 2021（2）: 90-91.

［172］董锁成, 范振军. 中国电子废弃物循环利用产业化问题及其对策［J］. 资源科学, 2005, 27（1）: 39-45.

［173］李英明, 江桂斌, 王亚韡, 等. 电子垃圾拆解地大气中二噁英, 多氯联苯, 多溴联苯

醚的污染水平及相分配规律 [J]. 科学通报, 2008, 1 (2): 165-171.

[174] Bajestani M I, Mousavi S M, Shojaosadati S A. Bioleaching of heavy metals from spent household batteries using acidithiobacillus ferrooxidans: Statistical evaluation and optimization [J]. Sep Purif Technol, 2014, 132 (8): 309-316.

[175] 谢光炎, 凌云, 钟胜. 废旧锂离子电池回收处理技术研究进展 [J]. 环境科学与技术, 2009, 32 (4): 97-101.

[176] 郝涛, 张英杰, 董鹏, 等. 废旧三元动力锂离子电池正极材料回收的研究进展 [J]. 硅酸盐通报, 2018, 37 (8): 2450-2456.

[177] 李肖肖, 王楠, 郭盛昌, 等. 废旧动力锂离子电池回收的研究进展 [J]. 电池, 2017, 47 (1): 452-455.

[178] 张笑笑, 王莺莺, 刘媛, 等. 废旧锂离子电池回收处理技术与资源化再生技术进展 [J]. 化工进展, 2016, 35 (12): 4026-4032.

[179] 张光文. 基于热解的废旧锂离子电池电极材料解离与浮选基础研究 [D]. 徐州: 中国矿业大学, 2019.

[180] 尹升华, 王雷鸣, 吴爱祥, 等. 中国铜矿微生物浸出技术的研究进展 [J]. 北京科技大学学报, 2019, 41 (2): 143-158.

[181] 张利敏. 氟碳铈矿中稀土元素的微生物浸出及其机理研究 [D]. 北京: 中国地质大学, 2019.

[182] 易馨, 杨开智, 张鹏, 等. 微生物法从电子废弃物中回收贵金属的研究进展 [J]. 广东化工, 2016, 43 (3): 62-64.